- 你是谁？你喜欢自己吗？

- 你的生理、心理和社会自我是什么样的？

- 自信的、 自负的、自卑的、自恋的，还
  是自我封闭的？

- 父母、老师、同学怎么看你？你在乎他们的评
  价吗？

- 你知道如何科学地评价自己，如何挖掘自身的无限
  潜能？

丛书编委会

主　编　李百珍

副主编　李焕稳

编　委　(以姓氏笔画为序)

马丽莉　王　凯　王丽娇　王秋丹　王继锐

王雪萌　方　霏　孙雪莲　李百珍　李焕稳

李　静　张彦彦　张　漪　张晶晶　陈国钰

周四红　郝志红　梁　樱　傅　中　管　健

青少年心理健康自助应急必备丛书

李百珍　主编

自我意识的培养

李百珍　李焕稳　张彦彦　著

科学普及出版社
·北京·

图书在版编目（CIP）数据

自我意识的培养 / 李百珍，李焕稳，张彦彦著. —北京：
科学普及出版社，2013.1
（青少年心理健康自助应急必备丛书 / 李百珍主编）
ISBN 978-7-110-07748-1

Ⅰ．①自… Ⅱ．①李… ②李… ③张… Ⅲ．①自我意识-
青年读物②自我意识-少年读物 Ⅳ.①B844-49

中国版本图书馆CIP数据核字(2012)第082427号

策划编辑	徐扬科
责任编辑	张晓林
责任校对	刘洪岩
责任印制	马宇晨
封面设计	耕者设计工作室
版式设计	青鸟意讯艺术设计
插　　图	青鸟意讯艺术设计

出版发行	科学普及出版社
地　　址	北京市海淀区中关村南大街16号
邮　　编	100081
发行电话	010-62173865
传　　真	010-62179148
投稿电话	010-62176522
网　　址	http://cspbooks.com.cn

开　　本	880 mm×1230 mm　1/32
字　　数	150 千字
印　　张	7.125
印　　数	1—5000册
版　　次	2013年1月第1版
印　　次	2013年1月第1次印刷
印　　刷	北京中科印刷有限公司

书　　号	ISBN 978-7-110-07748-1/B · 53
定　　价	15.50元

（凡购买本社图书，如有缺页、倒页、脱页者，本社发行部负责调换）

本社图书贴有防伪标志，未贴为盗版

前　言

为自己的成长担当责任
学会心理自助
做自己成长的主人

　　著名心理学家罗杰斯说："人生的意义在于成长。"青少年正处于从不成熟走向成熟的成长时期，生理发展迅速，心理变化显著。在这一过渡时期，不少青少年独生子女的独立性和自我调节能力比较差，面对应急事件，时常会不知所措，甚至会感受到很大的心理压力和冲突。如果这些心理问题长期得不到解决，就会在情绪、行为等方面有异常表现，甚至罹患心理疾病。为此，对青少年进行必要的心理健康教育就显得尤为重要。

　　国内外的实践证明：心理健康教育不仅是一套方法和技术，更重要的是体现了一种实践性很强的先进理念。

　　人格的完善与优化比智慧、能力的增长更为重要。素质教育虽然提倡很多年了，但就目前情况来看，社会各方面仍然只对青少年知识的获得和智能的提高更为重视，而对他们优良心理品质的培养和优良性格的塑造相对忽视。青少年心理健康教育是素质教育的一个重要方面，它的最终目的是充分挖掘和发挥人的智慧潜能，不断地优化、完善人格，使人变成心理健全的人。

　　青少年心理健康教育的主要内容是：自我意识的培养、人际关系的协调、学习心理的探析、不良情绪的调节、优良性格的塑造、青春花季的探秘、成长挫折的应对以及心理卫生的维护、心理障碍的预防和初步矫正，这即是该丛书各分册的具体内容。

心理健康教育是让青少年被动地接受成人的"灌输"，还是主动地心理自助？我们认为人生的命运掌握在自己手里，青少年朋友要为自己的成长担当责任，学会心理自助，做自己成长的主人。诚然，年轻人的成长离不开家庭、社会影响和学校教育，但是这些都是外因，自身的努力才是内因。青少年朋友不能把成长中的不如意，全归咎于父母、老师或社会，应该学会心理自助——自我教育、自我学习、自我帮助，自觉地汲取社会各方面有利于自己成长的积极因素，抵制消极因素的不利影响。

帮助青少年朋友正确面对紧急事件，学会心理自助，促进个人的成长进步是该丛书的宗旨——介绍心理学的相关知识，并引导青少年用心理学的科学知识分析自己的心理现象，解决遇到的心理难题，使自己健康、快乐地成长。我们期望在这套丛书的帮助下，使每位青少年朋友能够掌握有效的应急措施，进而塑造出良好的个性心理素质：积极向上、有自信、会学习、耐挫折、乐观开朗、善于交际、意志坚定……

青少年朋友在阅读这套丛书时，可以先看看反映当代青少年风貌的丰富的鲜活事例，再慢慢学习一些相关的心理学知识，最后领会其中蕴涵的深刻理念。在紧张的学习之余，以轻松、愉悦的心态，细水长流地品读这套丛书，这不仅会帮助青少年朋友有效地面对应急事件，促进心理成长，而且还会增强对心理科学的兴趣和爱好呢！

李百珍

2012年3月8日

目　录

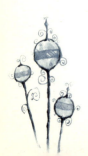

什么是自我意识

◎ 我是谁

　　"我是谁？""我是一个什么样的人？""我为什么会是这样的人？""我可能和应该成为什么样的人？"这些都是青少年朋友一直思考的问题。迈入青春期的青少年朋友，不仅开始注意到了自己身体上的一系列生理变化，在精神方面也开始感受到诸如自豪、自责、自卑等强烈的情绪体验，并且渴望深入透彻地了解自己、认识自己，进而对自己进行调整和控制。这些现象都说明了青少年朋友们已经具备了较强的自我意识。那什么是自我意识呢？

1. 什么是自我意识

自我意识是指人们对自己各个方面的情况以及与周围人际关系的认识、感受、评价和调控。它包含了人在社会实践活动中对自己、自己与他人、自己与自然、自己与社会等关系的心理活动。

自我意识是一个多维度、多层次的心理系统，不是个别的心理机能。我们可以从以下几方面对自我意识的构成进行解析。

2. 自我意识的结构

从结构上看，自我意识可分为自我认识、自我体验、自我调控。

（1）自我认识

自我认识是认知的一种形式，主要包括个体的自我感觉、自我观察、自我分析和自我评价等方面的内容。如"我是什么类

型的人"、"我的言行举止是否落落大方"、"我的进取心是否很强"等，都是自我认识的内涵。

　　我们来看看一些人的自我认识是怎样的。

　　初中一年级的任静在日记中写道："在母亲眼里，我是一个懂事听话、活泼可爱的女儿；在父亲眼里，我独立自信、敢于面对困难并承担责任；爷爷奶奶总是夸奖我是个孝顺的孙女；在老师眼里，我是一个尊敬师长、学习成绩优秀但是体育成绩却不太好的学生；同学们认为我是一个讲礼貌、善于团结、乐于助人的好伙伴。"

　　一位大学生这样评价自己："我是一个有责任心的人，我是一个反应迟钝的人，我是一个挺受欢迎的人，我是一个大学生，我是一个农民的孩子，我是一个幸运而又不幸运的人，我是一个有几个知心朋友的人，我是一个倔强的人，我是一个不会放弃的人，我是一个有自己的思想的人，我是一个多愁善感的人，我是一个过于谨慎的人，我是一个抑郁气质的人，我是一个不太会与人交往的人，我是一个幻想家，我是一个情绪不太稳定的人，我是一个容易满足的人。"

一位求职人员在简历中写道："我想，我是一个诚实稳重的人。对待学习我是非常认真的。虽然我认为我是一个很不错的人，但是在许多方面我还有不足，这些都是可以改正的，今后，不论做什么工作我都会尽全力去做好它的。"

著名作家、画家刘墉先生在做客新浪网时说："我觉得我是一个生活家，我不敢说是教育家，每个人都很平凡，凭什么我要教育别人，我只是一个平凡人，从平凡的角度看平凡人的世界，我只是把我心里面的感觉很直接地陈述出来。"

中央电视台主持人李咏对自己的评价是："我是一个外表能让人有各种各样猜测的人，但我的内心比较封闭，观念比较保守。我觉得全世界最美丽、最舒服的地方就是我的家，我最喜欢在家待着。我喜欢睡懒觉。我们家几次装修都是我参与的——我喜欢做这样的事情。我是一个急脾气，慢性子，平时说完话就忘，但对工作认真，对家庭忠诚。"

伴随着自我认识，每个人都会产生一定的内在感受，这就是自我情感体验。这些内在感受有积极的也有消极的，如自豪、自尊或是自责、自卑等等。少年自我情感体验经常是不稳定的，刚才还为老师的一句表扬信心百倍，觉得自己"所向披靡"，过一会儿又会因为考试失利而沮丧颓废，感到自己什么都不行。

（2）自我体验

自我体验属于情绪、情感的范畴，主要包括自尊、自

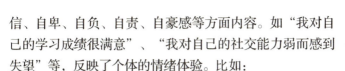

信、自卑、自负、自责、自豪感等方面内容。如"我对自己的学习成绩很满意"、"我对自己的社交能力弱而感到失望"等，反映了个体的情绪体验。比如：

一次期中考试成绩公布之后，有的同学得知自己考得不错便兴高采烈、手舞足蹈，回家后拿着成绩单在父母面前大肆炫耀；有的同学不及格便垂头丧气，甚至暗自落泪，感觉自己在老师和其他同学面前抬不起头来；还有的同学为本来会做的题目因为马虎做错了而深深自责。

有一位中学生十分焦虑地说：我曾经以为自己已经很成熟了，但是仍然有些事情使我感到苦恼，情绪总是不稳定。比如说，当我和同学们在一起兴高采烈地聊天时，如果谁要是说我一句不好的话，我的情绪就像泄气的皮球似的，马上就低沉下去，心里特别不痛快，还暗暗憎恨那个人。可是事后再仔细想一想，别人说的话也不是没有一点道理。老师夸奖一句，我就能激动得热泪盈眶；批评一句，心里就难受好几天，回家看见电视都想把它砸了。和同学讨论问题时，往往因为激动而争吵，甚至动手打起来，可是很快与同学又好得不得了。也正是因为这个原因，老师和同学们都不太喜欢我。可是看到有的同学整天不声不响，"三锥子扎不出一滴血来"，对什么事情都无动于衷，我都替他闷得慌。到底是我不正常呢，还是别人不正常？能不能告诉我这是怎么回事？

这就是少年情感体验的大起大落。为什么会这样呢？

这里除了少年朋友自身生理、心理的发育特点以及外来刺激等方面的原因以外，不注意调节与控制自己的情绪和情感是一个非常重要的主观原因，这就需要少年朋友们学会自我调控。

（3）自我调控

自我调控是指个体对自己的心理、行为和态度等方面的调节，主要包括自主、自立、自律、自我教育、自我控制等方面。如青少年朋友经常问起的："如何控制自己的不良情绪"、"怎样才能成为一个受人欢迎的人"等就都表达了同学们希望实现自我调控的意愿。在学习中，有时同学们也会像小陈一样：

快要中考了，小陈明明知道自己应该抓紧最后的时间冲刺，但是却控制不了自己想要看《灌篮高手》的欲望，并为此感到十分痛苦……

自我调控能力是一种重要的人格品质。少年朋友的心理尚未成熟，虽然思维敏捷、精力充沛，并且勇于拼搏，但自我控制能力不强，缺乏坚强的意志和顽强的毅力，遇到事情容易受情绪影响，一旦挨了批评、遇到挫折，或遭受打击，由于缺乏思想准备，就很容易产生心灰意冷、悲观失望或厌世情绪，甚至失去自控能力，做出报复他人的蠢事来。比如：

王亮不仅学习成绩优秀，还积极参加班级的各项活动，但期末评比的时候，一名成绩不如他的同学被评为优秀学生。失望、不满、怨恨一起涌上了他的心头。他愤怒地冲到那个同学面前，将墨水泼到那人的脸上并辱骂人家。事后经老师的解释，他才知道那位同学平时默默无闻地用零用钱资助一名失学儿童长达两年之久，这使得他十分懊恼，后悔自己太冲动。

我国历史上有很多名人由于拥有博大的胸襟和良好的自我控制能力，最终取得了非凡的成就。他们的行为是我们少年朋友的楷模，是值得效仿学习的。

　　唐朝有一位赫赫有名的将军郭子仪，他成功地平定了安史之乱，建立了丰功伟绩，这与他善于调控自己的情绪十分有关系。相传他一生中曾多次失去兵权，遭人排斥，但面对屈辱他能够从容应对，进而东山再起，反败为胜。

　　有一次，朝中一个嫉恨郭子仪的太监趁他带兵出征之际，暗中掘了他父亲的坟墓，这在当时，是对一个家族最大的侮辱，但郭子仪为了整个国家政权的稳定，忍辱负重，放弃了报复的念头。他痛哭着对皇帝说："我在外带兵打仗，士兵们也破坏了很多别人的坟墓，现在父亲的坟墓被人挖了，这是报应，不能怪罪别人。"

　　历史上另一个广为人知的故事讲的是：韩信甘受胯下之辱。汉高祖刘邦手下有一员大将韩信。韩信年少时已经是一位熟读兵书、身怀绝技的武士了。一天，有一个不认识韩信的屠夫狂妄地对他说："你敢不敢在我身上扎两刀？如果不敢，就从我胯下爬过去。"韩信听罢，非常生气，心想："我韩信一身武艺还怕你一个小小无赖不成？"他正想发火教训一下那个屠夫，但转念一想："我为什么要跟一个屠夫一般见识呢？"于是韩信一咬牙，从屠夫胯下爬了过去。后来韩信当上了大将军，他不但没有因胯下之辱而杀死这个屠夫，反而给了他一些钱，委派他担任了一个职务，使其深受感动。韩信胸怀博大，待人宽容，在关键时刻控制了自己的愤怒情绪，化干戈为玉帛、化仇恨为友情。最终，这个屠夫变成了舍命保韩信的忠实卫士。

　　许多青少年朋友与同学生活在学校的同一个集体里，难免出现一些小摩擦，特别是在与同学相处中，常常由于相互了解不够而产生误会，有的同学可能会伤了自尊心，有的同学曾让自己

下不了台，有的同学曾当众给了自己难堪，有的同学曾对自己有成见，等等。面对这些尴尬和不愉快，我们应当努力从自己做起，遇事都要问问自己："我怎样处理问题更恰当？""这样说、这么做的后果是什么？"总之，我们需要审时度势，控制自己的消极情绪，宽宏大量地对待他人。如果一时头脑发热，失去理智，或者抱着"豁出去了"的想法和做法，只会把事态扩大，激化矛盾，不但解决不了问题，还会失去朋友和友谊。

文科班小纪在新学期当选为班长，他踌躇满志，决心不负众望，努力地为同学们服务，锻炼和展示自己的才能。

上任没多久，小纪就感到压力不小，常常不自觉地皱起眉头。一天中午，小纪在操场上碰到华子和阿剑："我正要找你们去，有几件事情要通知你们。"华子不耐烦地说："我正忙着呢！"小纪有点发火："忙也得听着！这是班里组织的活动，每个人都要参加，否则扣分！"华子满不在乎："扣分又怎样？动不动就用扣分要挟，扣光了也不去！"阿剑见形势不对，怕他们又像以前那样因为小事情吵架，赶紧问小纪："什么事情这么重要啊？"小纪有点沮丧："学校要搞足球对抗赛，下午是咱们班对四班，我想让大家去当拉拉队。"华子轻蔑地瞟了瞟小纪："不是有'刘大脚'么，你发什么愁？"小纪实在不知道说什么好了："算了算了，爱去不去，我找别人去。"三个人不欢而散。

下午，比赛快要开始了，"刘大脚"还没来，小纪急得像热锅上的蚂蚁。他从体育馆找到教室，从一班找到八班，原来"刘大脚"还在八班和同学讨论作业。小纪气呼呼地说："好你个'大脚'，可害死我了，马上要比赛了，快点跟我走！"说着拿起他的本子就要走。"刘大

自我意识的培养

脚"按住笔记本为难地说："真对不起啊，我还有作业没写完，下午要交啊。"小纪拼命拉"刘大脚"的胳膊："别废话，快去！你这人怎么一点集体观念都没有！"听到小纪"强迫命令"，还乱"扣帽子"，"刘大脚"也急了："你怎么这样！我不去了！就不去！"

小纪用手指着"刘大脚"的鼻子，怒斥道："好！你就'拽'吧！我就不信没了你地球就不转了！等着下次评'先进标兵'，甭想有你的份！"说罢气冲冲地走了。

比赛结果自然是小纪他们班输了，小纪向班主任老师汇报了华子、"刘大脚"的"恶劣行径"。班主任老师在全班批评了华子和"刘大脚"。华子和"刘大脚"能没意见吗？从此，华子和"刘大脚"处处与小纪作对。

小纪很苦恼，始终解不开心里的疙瘩：我都是为了班集体好，同学们为什么不理解我，不肯和我合作呢？

同学们，你们知道小纪的问题究竟出在了哪里？

前面我们谈到了自我认识、自我体验和自我调控这三个方面，有机组合构成了完整的自我意识。三者之间的和谐程度以及与客观现实的吻合程度，决定了个体自我意识的健康状况。

少年朋友们会问：人的自我意识是怎么发展来的，是人一出生就有了吗？我们在镜子中看到的"我"，又是怎样一个自己呢？

从发展进程上看，自我意识可分为生理自我、社会自我和心理自我。

生理自我：一个人对自己身体、性别、年龄、容貌长相、身高、体重、健康状况方面的认识，就是对生理自我的认识。在行为上表现为追求外表美、对所有物的占用、支配与爱护等。8个月至3周岁是儿童生理自我发展的关键期。

社会自我：人从3岁左右开始认识社会自我。比如，自己在

社会中的角色、地位、权利以及责任义务等。在行为上追求个人的名誉、地位，和他人进行激烈竞争等。上了小学以后，就取得了"学生"的称号，通过扮演"学生"的角色而被社会认可。如去公共场合不必让父母相伴，在外乘车需要买票；作为成人角色的父母要每天上班，作为学生角色的我们要每天背着书包上学。

心理自我：处于青春期的少年朋友特别重视心理自我。比如，对自己的能力、气质、性格等方面的认知。在行为上追求个人能力的提升、品格的完善等。

上述的生理自我、社会自我和心理自我是一个由低到高的发展序列，而且三者之间是密切联系的。其中每个层次都有不同的自我认识、自我体验和自我控制，这些要素不同的组合，形成了不同个体不同的自我意识。

从存在方式看，自我意识可分为现实自我、投射自我和理想自我。

现实自我：就是个体从自己的立场出发对自己当前总体实际状况的基本看法。

投射自我：也称镜中自我，是指个体想象自己在他人心目中的形象或他人对自己的基本看法。

理想自我：是指个体想要达到的比较完美的形象。

从自我观念存在的形式来看，现实自我是一种能被人感知到的客观存在，而投射自我和理想自我是在个体大脑中的一种客观存在，容易受到个体的主观因素影响，往往不稳定、易变化。

研究表明，当现实自我和投射自我相一致时，个体会产生加快自我发展的倾向，反之，个体会感到别人不理解自己或试图改变现实自我。

当理想自我建立在个体的实际情况基础之上且符合社会要求和期望时，它就会指导现实自我积极适应并作用于内外环境，从而使自我意识获得快速发展。反之，如果理想自我、现实自我和投射自我三者之间有矛盾，就会引起个体内心的混乱，甚至会

引起严重的心理疾病。

　　"我要当中国的比尔·盖茨！"这是喜爱计算机的纪悍的愿望。但是在老师眼中，他是个在操场上罚站时也要做小动作的"捣蛋分子"。初二下学期，他有三门课不及格，尽管他暑假做了很长时间的准备，老师还是取消了他的补考资格，让他留级。为此，纪悍陷入了深深的绝望之中，他觉得自己的理想是个白日梦，永远也不可能实现了。

　　纪悍的绝望来源于他的理想自我与现实自我差距过大带来的巨大心理矛盾与冲突。如果这种冲突长期得不到协调，个人的自尊心、自信心就会严重受挫，甚至产生自卑、自暴自弃的心理。

　　青少年朋友们了解了什么是自我意识后，还要明确认识自我的重要性。

◎ 为什么要寻找 "我"

　　俄国心理学家科恩回答了这个问题："青年初期最重要的心理过程是自我意识和稳固的'自我'形象的形成。""青年初期最有价值的心理成果就是发现了自己的内部世界，对于青年来说，这种发现与哥白尼当时的革命同等重要。"

　　"什么东西早晨用四条腿走路，中午用两条腿走路，晚上用三条腿走路？"这是斯芬克斯之谜。青少年朋友你知道谜底吗？

　　斯芬克斯作为宙斯的信使，对人类传达了谆谆告诫——在古希腊帕尔纳索斯山一块巨碑上，刻着一句意味深长的箴言："人要认识你自己。"

　　个体的自我意识与个体的成长发展息息相关。自我意识在个体成长和发展中具有导向、激励、自我控制、内省调节等功能。初中阶段（13岁左右）就是自我意识形成的关键期，这个年龄阶段正处于青少年的青春期，对自我意识的认识十分关键，良好的自我意识的认知可以使人知道自己的优点和缺点，看清楚自

11

己，正确自我定位，从而自我发展与自我实现。而错误的自我认识对学生今后的生活将造成行为和认识上的混乱。

1. 美丽蝴蝶的蜕变——正确自我意识的作用

找到"我"，就是找到了开始的地点和未来的落脚点。就会化茧成蝶，实现自己的梦想。

（1）人生导向标

良好的自我意识（自我认知、自我评价、自我监控），对一个人的健康发展是非常重要的。中学阶段是一个人的人生观、世界观初步形成的时期。我们若能正确认识自己的优点，也就找到了自己的成长点，确立较为合理的"理想自我"，就为个人将来的发展确定了目标，对个人的认知、情感、意志、行动会产生很大影响，是个体活动的动力。就可以初步树立起自尊和自信，激励起自身学习的积极性和主动性，就可以充分挖掘和发挥自己的智力潜能，从而达到预期的目标，就会像下面故事中的小玫一样。

小玫有着一双水灵灵的大眼睛，活泼好动，上课总是安静不下来。她手里常常玩东西，不是一面小镜子，就是一支笔，她最喜欢拿一把小刀在书桌上搞"创作"，书桌上、椅子上甚至墙壁上，常常留下她的"杰作"。因此听课效果大打折扣，学习成绩可想而知，老师多次找她谈话，效果甚微。

随着年级的升高，学习压力越来越大，学习成绩每况愈下，小玫的自信心消失殆尽，整天无精打采的。家长和老师都很着急。一次"偶然"的机会，小玫走进了学校的版画室，她一下就被版画室中陈列的精美版画吸引住了，而且看到版画小组同学手中拿着刻刀专心致志搞创作的样子，小玫的眼睛里绽放出羡慕的光芒。这一切，早已被站在旁边的版画老师看在眼里，他微笑着对小玫说："如果

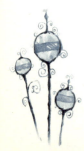

你喜欢，可以加入我们的版画小组。"

从那一天开始，小玫对版画产生了浓厚的兴趣，在老师的精心指导下，她几乎把所有的业余时间都花在了版画上，一有时间就往版画室里跑，一幅作品往往需要千刀万刀才能成功，小玫却乐此不疲。她的版画创作渐入佳境，不仅在技法上进步很快，而且创意独特。不久，她的一幅以家乡风物为题材的版画作品在全省获得了二等奖，而且还被公开发表了。

小玫在学习版画的过程中找到了极大的乐趣，感受到了成功，重新建立了自信，各科学习成绩也得到了迅速的提高。因此也就有了明确的奋斗目标。当然。在小玫学习的过程中班主任和美术老师始终配合默契，不失时机地因势利导，终于使小玫从心理的低谷中走了出来。那一年高考，小玫以优异的成绩考上了重点大学——中国美术学院。

正确的自我意识不仅要看到自己和别人的优点长处，也应该对自身的缺陷和不足有正确的认识。否则就会像赵露：

赵露是一位漂亮的女孩子，但是她的鼻子旁边有一块小指甲大小的胎记，虽然远看并不十分明显，但是她总觉得那块胎记很丑陋，加上有的男生总爱拿她的胎记开玩笑，她觉得自己十分难受，看到有人走近时就习惯性地用手去挡着脸，生怕别人看见她的胎记。班主任张老师为了鼓励她树立起自信心，就推荐她去参加学校举办的"校园十大歌手"比赛。由于小时候学过音乐，对唱歌也很有天赋，赵露很顺利地进入了决赛。然而在决赛这天，望着台下黑压压的人群，赵露的心里就像小鹿乱撞"扑通、扑通"地跳个不停。轮到她上台了，赵露好不容易稳定下来的神经又"噔"地一下绷得紧紧的。她看到前排坐着一个

平时常拿她的胎记开玩笑的男生正在那里指指点点、嘻嘻哈哈地和身旁的同学说着什么，顿时心里难过得想掉头就走。就在这个时候，音乐响起来了，赵露勉强地拿起麦克风，没料到唱第一句就走了调，台下的人群哄笑起来，赵露哭着跑下了台。

但是赵露在心理辅导老师张老师的帮助下，对自己的认识发生了变化。

在休息室里张老师找到了赵露，此时的她泪水涟涟，不停地抽泣着，边哭边问张老师："老师，如果我用针把自己的脸刺破，再长出来的皮肤是不是就会变得光滑？"

张老师耐心地安慰并鼓励着她，并且给她讲了两个故事：

第一个故事是关于英国首相丘吉尔的。丘吉尔出生于爱尔兰，7岁入学读书，直到中学毕业，他的学习成绩一直不好，老师认为他低能、迟钝，不会有太大的出息。但丘吉尔却对自己充满信心，他刻苦学习英文，又到印度从军，并利用那段时间阅读了大量书籍。

经过磨炼，丘吉尔掌握了4万个英语单词，成为掌握英语单词最多的人。后来，他被任命为英国首相，率领英国人民进行了伟大的反法西斯战争。

丘吉尔在就职时发表的"我没有别的，只有热血、辛劳、眼泪和汗水贡献给你们"的演讲词，成为供演讲初学者模仿的范文。

张老师又讲了一个黄美廉博士的故事。黄美廉博士是台湾著名的画家和作家，她出生时由于医生的失误，造成她脑部神经的严重伤害，以致颜面、四肢肌肉都失去正常功能。她几乎不能说话，嘴还向一边扭曲，口水也不停地往下流。但是以黄博士的成就，就是一般正常人都很难达

到，更何况她是一位重度的脑性麻痹患者呢！那么，到底她有什么成功的秘诀呢？记者在采访她的时候问她：很多人遭受挫折就会自暴自弃或感到自卑，可否说说您的经历或感想？

黄博士说：自卑是很正常的情绪之一，但如果过分自卑，就形成一种病态了。我比一般人更容易自卑，但我已经接受了我自己，因此，我习惯别人对我的眼光，我也能拒绝有些不友好的眼光，这都伤害不了我。更重要的是我有信仰，这使我更有自信，我不会过分自卑。基本上我是一个快乐的人，但有时候也难免情绪有一点起伏。我就多读书，去争取自己应该有的权益，每分钟都保持积极的心态看世界。拥有积极生活态度的人才会有快乐，而且活出生命的色彩。

通常我克服困难的步骤是：首先冷静下来，反省自己，然后找可靠又有能力的朋友谈出自己的困难，积极地面对并解决问题。对我来说，每一个太阳升起的日子都可能是新的转折点，因为每一天我都会有新的想法及做法进入我的生命。

听完故事，赵露的心情缓解了许多。就在此时，休息室门外传来了一阵急促的敲门声。进来的不是别人，正是平时喜欢拿赵露开玩笑的那个男生。赵露的心一下子又紧张起来了。然而没有想到那个男生满脸的歉意，低声说道："赵露，对不起。我今天本来是特意来给你加油的，没有想到你因为误会了我而没有唱好歌。以后我再也不会拿你开玩笑了。其实我们男生都觉得你挺漂亮的……"听了这话，赵露开心地笑了。她觉得今天虽然没能够参加决赛，但是比得了冠军还要高兴。

（2）有作为，为所当为

自我意识的另外一个作用就是自我控制功能。个体要想将来有所建树，首先要有科学的目标，同时还要有自立、自主、自信、自制的意识，并对自己偏离目标的情感和行动加以调节和控制。在通往成功的大道上，很多人与成功失之交臂，并不是因为缺乏机会和才华，而是因为缺乏自我控制的意识和能力。自我控制是自我意识发挥能动作用的一个重要表现，它是目标的保护神，是成功的卫士，是自我意识的一项很重要的功能。缺乏自我控制的意识和能力的人，是一个盲动、情绪化的人，缺乏恒心与毅力的人，终将一事无成。

具有良好自我控制的青少年不会做违背自己原则的事情，无论有多大的诱惑也会控制自己的欲望和行为。比如：班长并不因为自己的权利而私自地隐瞒好友所犯的错误；自己喜欢的汽车玩具和飞机玩具两个都想买的时候，可以考虑到现实的经济情况和家长的态度来做出选择；既不想看书又不想做练习的情况下，如果需要则可以很好地说服自己，调整好心态做到心平气和。

（3）一日三省吾身

自我意识的第三个功能就是内省调节功能。自我意识健全的个体，不仅能够确立符合个体的"理想自我"，而且能够通过自我控制来实现预期目标。而由于主客观条件的制约，"理想自我"的实现常常会遇到各种障碍，致使个体产生不同程度的挫折感。这时，自我意识就会对自己的认识、情感、意志、行为等进行反省，找到受挫折的主客观原因，并重新调整认识，形成新的"理想自我"，使其与"现实自我"趋于统一。内省和调节就是个体成长中所进行的自我监督和自我教育，每个人要想使自己成为自我实现的人，就需要有积极的自我意识，随时对自我的认识、情感、意志和行为加以反省和调节。

比方你将来想成为一名钢琴家，那么就需要考虑钢琴家需

要具备哪些能力和条件——弹钢琴必须要有灵活的、修长的手指，很强的乐感，丰富的乐理知识、灵感以及创造能力等。

如果你在某一方面有所欠缺，也不要气馁。一个人有短处并不可怕，关键是要学会扬长避短。若能如此，成功也许并不遥远。海伦的故事同学们并不陌生，海伦那样的条件都可以实现自己的理想，比她条件好得多的青少年朋友们也一定行。

海伦在两岁时就集聋、哑、盲等多种缺陷于一身，巨大的生理缺陷让几乎所有人都认为这孩子成不了大器，而唯独海伦自己对生活充满信心。没有视觉和听觉无疑是不幸的，然而也正是在这黑暗而又无声的世界里，她少了一份浮躁和不安，铸就了一颗特别纯洁的心灵，这就是海伦的优势，她能够用心灵去发现世界上的美，用心灵去感受自然界的美，最终她成了世界著名的作家。

我们应该依据实际情况，发现自己的兴趣，认清目标，树立自己的理想和志向。少年朋友，请听一个关于小勇的故事。

小勇的爸爸大张邀请了多年不见的几个朋友到家里聚餐。因为聚餐那天，桌子上摆上了五六个中西冷盘，又上了十二三道热菜，色美味香，一见就让人垂涎欲滴。大家喝着美酒品尝着美食，七嘴八舌赞不绝口："好吃，好手艺！""这是谁的手艺？"朋友们都晓得大张是没有煎、炒、烹、炸方面的"细胞"的。这原来是小勇的手艺。

听到大家的称赞，小勇眼圈微红，用手揉了揉发酸的鼻子，大家的脑海里浮现出十几年前的另一幕。

小勇是一位性格内向、少言寡语的少年。父母是老知青，他跟父母在外地上的小学。小学快毕业时才随着父母返城。他的学习基础差，学习很吃力。好在孩子老实、本分，平时还算遵守纪律。学校要期中考试了，这次是市

里统考，学生的考试成绩与任课教师的业绩挂钩，它关系到老师的定职、升级和调工资。考试前两周，班主任老师告诉小勇，考试那周不用来学校。老实的小勇心知肚明，老师唯恐他考试成绩差，拖了全班的后腿，影响老师的"业绩"。

懦弱、胆怯的小勇当时没敢将真情告诉父母，又怕在家待着引起父母的怀疑和盘问。上学时，像往常一样走出家门。没地方去便遛马路。等父母都上班了，他回到家里。快到父母下班时，他又走出家门，等到天黑回家。结果整个一个星期他的父母居然全然不知实情。

一周后，该上学了，小勇一次次走到校门口，又折回来。他没有勇气再走进校门，他羞于见老师和同学，又害怕家里知道实情。他不知道以后该怎么办，能瞒一天算一天。一个月以后，学校通知了小勇的父母：小勇要被开除了！

后来，知道了内情的妈妈不断地擦着眼泪，说："小勇，不管怎么着，咱们得上学啊！"

可是小勇却哭着说："爸爸妈妈，我求求你们了，别让我上学了。我脑子笨，学不好了。"

无奈之下，爸爸妈妈带着情绪十分沮丧的小勇找到了心理辅导老师。

"小勇，你发现自己的特长了吗？"老师问。

小勇自卑地摇摇头。

"谁说你没有优点呢？你动手能力强，烹饪手艺高，会蒸馒头、花卷、银丝卷、枣糕，还能炒五六样菜，你还会修理电器，会安装电灯……这些是你同龄的少年朋友所不及的，这不是你的特长吗？"老师一口气说出了他那么多的能力，小勇激动的眸子里充满了喜悦的泪光，但还是

不无怀疑地问："这也算特长？"

"当然算。小勇你应该理直气壮地说：'老师，我并不笨！'你做出那么多种饭菜、修电器，都是需要思考、开动脑筋的。你的脑子并不笨，一定能学好功课。小勇，你现在的处境太好了。目前你是班上最后一名，什么心理负担也没有。咱们不和别人比，只和自己比。只要努力就可以进步几名。"

小勇真的树立起了信心，他起早贪黑地努力学习，有不懂的就向老师请教。期末考试全班42名同学，小勇考到了第35名，提前了7名。后来又顺利地通过了初三期末考试，领到了毕业文凭。小勇的爸爸妈妈高兴得不得了。

中考后，小勇报考了烹饪学校，并且被录取了。

烹饪是小勇的兴趣、爱好和特长。在烹饪学校的学习中，他如鱼得水，运用自如，找到了自我存在价值，极大地增强了人生的自信心。他刻苦学习专业课，勤学苦练基本功，掌握了多种主、副食烹饪技术，以优异成绩毕业。现在他已有七八年大宾馆的工作经验，成为受人尊敬的青年厨师了。

后来，小勇作为厨师跟随着一个体育代表团出国比赛。在异国他乡为运动员做了营养丰富、可口的饭菜，保证了运动员的身体健康，获得了佳绩。由于小勇的工作业绩突出，受到了国家有关部门的褒奖。

不久前的报纸上还刊登了一个戴着高高的厨师帽、笑眯眯地站在大使馆门前的人的照片，照片的主人不是别人，那就是十几年前为学习成绩上不去而苦恼的小勇。

2. 无法挽回的终身遗憾——不良自我意识的影响

(1) 自我冲突陷泥沼

缺乏正确自我意识的中学生，经常表现出自我冲突、自我矛盾，或者自视清高、妄自尊大，做力所不及的工作；或者是自轻自贱、妄自菲薄，甘愿放弃一切可以努力的机遇。

目前，我国的城镇家庭中的孩子大部分都是独生子女，由于独生子女在家庭中的特殊地位，使他们比较容易产生自我意识方面的各种问题。有的由于父母的过分关注变得过分依赖、畏缩；有的则会形成自私、依赖、唯我独尊的个性，时常表现出自尊心过强，在同学中有一种高高在上的优越感，不仅影响了同伴之间的交流，有时自己做错了事也不承认，为维护"自尊"而说谎。比如下面例子中的小英和雨雁。

小英从小体弱多病，因此她的父母对她的健康非常关注。天气冷了，担心孩子会着凉，大老远的，妈妈也会把衣服送到学校；天气热了，妈妈又担心会出痱子，而送去爽身粉；饭吃少了，担心营养不够，父母吃饭时就总是唠叨，千方百计劝她多吃一口；晚上放学稍微晚点回家，爸爸就会跑出去四处寻找，后来干脆为她配了手机。有时由于没听见铃声没接电话，妈妈的心就放不下，一定要去学校看个究竟。现在小英14岁了，父母亲发现她除了身体越来越弱以外，性格也变得很脆弱，平时不爱说话，害怕与同学相处，没有朋友，做什么事都畏畏缩缩，甚至课堂上老师让她发言，她都战战兢兢。除此以外，她还非常敏感，常会因为小事动不动就掉眼泪。

雨雁，初中一年级，也是家里的独生女，聪明美丽且能说会道。最大的特点是有极强的表现欲，是个"官迷"。开学没多久，班里选课代表，她的手举得最高。可

是从她上任以来，王老师就经常看到她在教室里指手画脚地吩咐同学，或大呼小叫地收发作业。为此，王老师曾多次提醒她注意方式方法，但总是收效甚微。同学们对她也是敬而远之，课间活动时，她往往形单影只。可她对此不以为然，一副不屑的神态，照样我行我素。

每天的作业都是雨雁收上来，然后附上一张纸条，写上交作业的情况。全班60多本作业，王老师要在上课前看完，以便在课堂上讲评，因此，往往来不及核对本数。一次，发生了一件怪事：收上来的作业少了一本。王老师问怎么回事，雨雁说不知道。王老师想一两次工作的失误是难免的，也就没有继续追究。可是相同的事情在一学期内发生了好几次。

为了防微杜渐，不让个别学生投机取巧、偷懒耍滑，王老师决定要查出问题出在谁身上。他在班上再三要求没写作业的同学自己站起来，或者下课去办公室找他谈谈，却没人承认。王老师让雨雁对照花名册查一下，最后她告诉老师是黄雷没写作业，可黄雷这个经常违反纪律的调皮男孩却一口咬定自己交作业了。最后查出的结果出人意料——是雨雁自己没写作业！事后王老师才知道，这是她从小学就找到的既安全又有效的不写作业的途径。当时的班主任老师就曾找过她的父母，可是他们没有放在心上，也没有批评她，雨雁自以为计谋得逞，于是一次次故伎重施。

（2）自我混乱酿恶果

错误的自我意识、自我意识混乱，还有可能导致精神抑郁、心理扭曲甚至违法犯罪，害人害己，造成终生遗憾。

少年朋友会问：真有那么严重吗？请听听下面这个骇人听闻的真实故事。

　　云南大学的大三学生马加爵连续杀害了四位同学，这个事件，曾经在社会上引起了很大影响。马加爵心理问题的起因就在于其自我意识出现了错误和混乱。

　　根据已经公开的资料显示，马加爵平时是个性格内向、腼腆的人，这种性格在少年时代表现尤为突出。当时的父母、邻居、老师都夸奖他是个懂事的乖孩子。少年的他，被贴上了"好孩子"的标签，因此他的自我意识就形成了这样一种概念：认为自己的内向、腼腆是被周围人、被社会认可的。进入大学以后，当他还是以这种内向和腼腆的性格出现时，他不仅没有得到认可，相反被同学们嘲笑为"傻、怪、不合时宜"。因此，当他发现自己长期以来建立的一种行为模式竟得到这样的评价时，他不能理解这是为什么，于是自我意识出现了混乱，一方面感到抑郁、孤独，另一方面对周围的人产生了愤怒和敌意。当这种愤怒无法压抑时，他就用杀人的极端行为发泄他的愤怒、敌意。

　　在供词中，马加爵不只一次地提到"别人都看不起我"这句话。"他们都觉得我很怪，把我的生活习惯、生活方式都说给别人听，我感觉自己的隐私完全暴露在别人眼里"，被马加爵杀死的四位同学平时和他的关系还都不错，但是当他认为他的朋友"污蔑"他打牌作弊时，他便将平时朋友帮助他的一面忘得一干二净，而更多地记起了他们的"种种不是"。越想越气愤，于是连续杀害了四位同窗好友。然而，事实上，马加爵的感觉并非反映了真实的情况。在案件的审理和调查过程中，调查人员发现没有人说他有什么怪异的生活方式，只是说他比较内向，不太爱和人交往，有时候比较急躁，而他们也都不觉得这是什

么十分不正常的事情，更没有人因此而看不起他。

马加爵案件是由于他的自我意识出现了错误和混乱，将同学的善意或中性的评价，错误地看成是恶意的，进而造成他的心理障碍和心理扭曲。心理障碍可以使人丧失理智，可以使人一叶障目，不见泰山，甚至于使人丧心病狂，做出危害社会、危害他人、损害自身的事情来。马加爵以及被他杀死的四名同学都是接受了高等教育的大学生，再过一年他们就将踏上新的人生里程，用他们所学的知识为社会服务。然而，四位青年还没来得及为国家、为社会作出贡献，实现自己的人生价值就结束了生命，而马加爵自己也为此付出了生命代价。马加爵不仅扼杀了四位同学的年轻生命，也提早结束了自己的人生旅程，而且还打碎了包括自己在内的五个家庭的希望，造成了巨大的而难以弥补的经济、精神以及社会损失。

人的一生是一个不可逆的过程，要提高人的社会价值，使人生更有意义，就必须善于认识自己、设计自己、安排自己、控制自己，使个人发展与社会的进步相协调、相和谐。尽可能去挖掘自己的潜能，发展每个人的自我监控能力。这样，不仅有利于每一个人，而且有利于整个社会、整个人类。

青少年朋友知道了自我意识的重要性，那么自我意识是如何由无到有、由低到高发展起来的呢？自我意识不同构成部分的发展又有什么特点和规律呢？带着这样的问题，让我们踏上追寻自我意识的成长足迹！

青少年自我意识的发展

　　个体自我意识的形成和发展需要经过一个漫长的发展过程：

　　婴儿时开始能够认识自己身体的各个部位，并学会用"我"这个词来表达自己的意愿与要求，如"这是我的帽帽"；

　　幼儿时能够意识到自己是游戏活动的主体，并能对自己的某些具体行为进行评价；

　　小学生时自我意识的范围扩大，开始认识到自己是班级、学校、社会的一员，是学习、活动的主体；

　　青春期时由于身心发生了剧变，自我意识迅速增强，他们迫切希望了解自己，自觉塑造自己的形象。但由于缺乏社会经验，思维较片面、偏激，其自我意识的发展还不够完善。

　　青少年朋友，请听听下面一些中学生的故事，看看其中有没有自己的影子。

　　初中二年级的晴晴，每天除了正常的上课外，一周中有三个晚上请家教补习数学，每个周末还要到英语培训班学习英语。晴晴说，"我拉完小提琴就得做作业，只有考到全班第一才让看电视，平时一周也看不到一次电视。爸爸总说考不好就打你，妈妈出差也不忘给我打电话问我卷子做没做。"为了父母的希望，晴晴说她只能这样拼命学习。然而，事与愿违，由于过度疲劳加上精神紧张，晴晴的学习成绩不但没有因为参加补习而相应提高，反而有下降的趋势。晴晴为此背上了沉重的负担无法甩掉，"我可能天生脑子就笨吧，别人不上补习班成绩也比我好……现在我特别怕考试，一考试我就觉得喘不过气来"。

　　韩璐也是一名初二学生，她患上了"初二综合征"。自从进了初中以后，韩璐就觉得自己学习跟不上，老师讲的内容即使做了预习也听不懂。她说："小学老师以兴趣教学为主，一个知识点会讲很多次，直到全班同学都懂了为止，反复记忆基本上就可以取得好成绩。而初中主要是按大纲讲，知识量和难度都很大，不容易理解和记忆。初一上半学期还是个过渡期，课程难度一点一点地在增加，但到了初一下半学期很快就紧张起来了。老师讲课不再等到每个同学都理解，只要大部分同学听懂了就继续讲下面的内容了，没有听懂的同学只能利用课余时间去问老师或者同学。而且，中学考试也多了，要不断地复习、预习，

占用更多的课余时间，才能跟上老师的进度。"韩璐认为尤其是物理这门新学科非常抽象，有很多知识听不懂，搞得她整天忧心忡忡，还经常头痛、腹痛。

小满是个网虫，整天泡在网吧里，问他为什么喜欢上网，他说："学习生活枯燥无味。同学间竞争激烈、关系紧张，没有知心朋友；跟父母很少交流。上网跟网友聊聊天，谈一些轻松的话题，能使自己心理得到放松，而且在网上还可以毫无顾忌地跟网友谈一些平时跟家长和老师不愿谈、不能谈的话。"

芸芸被男生戏称为"双面夏娃"，连她自己都觉得自己特别难琢磨：我刚才还兴高采烈呢，怎么一会儿就"晴转多云"，甚至"电闪雷鸣"、"暴雨倾盆"了呢？

青少年朋友们，上面这些同学诉说的问题和苦恼，你们是否曾经遭遇过或正在遭受？这些少年朋友的真实感受，是你们或多或少曾经感受过的。那么为什么同学们会不适应初中的学习生活？为什么总觉得人际关系复杂？为什么父母不再是你们的知心朋友了？为什么一下子高兴得不得了，没过3分钟又会发火？为什么总感到郁闷和压抑？这些自我情感体验方面的问题正是由于青少年正处于青春期这一特殊阶段自我意识发展的特点所致。

关于这一点，美国新精神分析学派的代表人物埃里克森曾有过详细的分析和论述。埃里克森是一位著名的精神科医生。他曾指出，人的自我意识发展持续一生。他把自我意识的形成和发展过程划分为八个阶段，这八个阶段的顺序是由遗传决定的，但是每一阶段能否顺利度过却是由环境决定的，并且每一个阶段都不可忽视。

埃里克森认为，在每一个心理发展阶段中，人们都将面临特殊的危机和矛盾，在解决这些危机和矛盾的过程中，个体形成了自己的人格特质，包括积极的和消极的两方面的品质。如果个

人在各个阶段都保持向积极品质的方向发展，就算完成了这阶段的任务，逐渐实现了健全的人格，否则就会产生心理危机，出现情绪障碍，形成不健全的人格。这八个阶段分别是：

第一阶段：婴儿期（0～1.5岁）。这一时期面临的矛盾是基本信任和不信任的心理冲突。在这期间，我们开始认识了"人"，当我们哭闹或感到饥饿时，父母是否出现是建立起信任感的关键。

第二阶段：儿童期（1.5～3岁）。本期间的主要矛盾是自主与害羞、怀疑的冲突。这一时期，我们掌握了大量的技能，如爬、走、说话等。更重要的是我们学会了怎样坚持或放弃，也就是说我们开始"有意志"地决定做什么或不做什么。

第三阶段：学龄初期（3～6岁）。主要矛盾是主动与内疚的冲突。在这一时期如果我们表现出的主动探究行为受到鼓励，就会形成主动性，为将来成为一个有责任感、有创造力的人奠定了基础。如果我们的独创行为和想象力遭到讥笑，那么就会逐渐失去自信心，缺乏自己开创幸福生活的主动性。

第四阶段：学龄期（6～12岁）。其主要矛盾是勤奋与自卑的冲突。这一阶段的儿童都应在学校接受教育。如果我们能顺利地完成学习课程，就会获得勤奋的动力，在今后独立生活和承担工作任务时充满信心，反之就会产生自卑。

第五阶段：青春期（12～18岁）。需要解决的主要矛盾是自我同一性和角色混乱的冲突。

第六阶段：成年早期（18～25岁）。主要危机是亲密与孤独的冲突。如果在恋爱中建立了真正亲密无间的关系，个体就会获得亲密感，否则将产生孤独感。

第七阶段：成年期（25～65岁）。主要矛盾是生育与自我专注的冲突。如果一个人顺利地度过了自我同一性时期，他在以后的岁月中将过上幸福充实的生活，将生儿育女，关心后代的生长和养育。

第八阶段：成熟期（65岁以上）。个人面临着自我调整与绝望期的冲突。由于衰老，人的体力、心智每况愈下，对此他们必须做出相应的调整和适应。当老人们回顾过去时，可能怀着充实的感情与世长辞，也可能怀着绝望走向死亡。自我调整是一种接受自我、承认现实的感受。由于老年人对死亡的态度直接影响下一代儿童时期信任感的形成，因此第八阶段和第一阶段首尾相连，构成一个循环，即生命的周期。

上面是自我意识八阶段理论的具体划分及内容，我们可以发现中学生正处于青春期这第五阶段，根据埃里克森的理论，这一阶段我们面临的主要矛盾是自我同一性和角色混乱的冲突。

自我同一性是指个体在寻求自我的发展中，对自我的确认和对有关自我发展的一些重大问题，诸如理想、职业、价值观、人生观等的思考和选择。在这一过程中必然要涉及个体的过去、现在和将来这一发展的时间维度。而自我同一性的确立就意味着个体对自身有充分的了解，能够将自我的过去、现在和将来整合成一个有机的整体，确立了自己的理想与价值观念，并对未来的发展做出自己的思考。

进入青春期，青少年的心理和身体都经历着"疾风骤雨"般的变化。这种变化首先震撼了青少年自身。青少年对自身的关注变得敏感，诸如"我是谁"、"我想成为什么样的人"等问题几乎引起每个青少年的思索。青少年必须仔细思考全部积累起来的有关他们自己及社会的知识去回答这些问题，并借此做出种种尝试性的选择，最后致力于某一生活策略。一旦他这样做了，他们也就获得了一种同一性，长成大人了。获得同一性，标志着这个发展阶段取得了满意的结局。这一阶段的中学生朋友由于不适应自我角色转换而导致的心理问题都有哪些呢？有研究认为主要体现在以下几个方面：

1）学习压力大。由学业带来的心理压力。

2）偏执、敌对。认为他人不可信，自以为是，偏于固执。

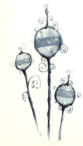

3）人际关系紧张。总感到别人对自己不友善。

4）抑郁。表现出对学业、前途、未来没有希望，精神苦闷、情绪低落。

5）焦虑、烦躁不安。

6）适应能力差。对新的环境和生活不适应，不习惯教师的教学方式或者不喜欢学校的各项活动。

7）情绪忽高忽低，极不稳定。

8）心理不平衡。当他人比自己强或获得了高于自己的荣誉后，总感到不公平。

我们可以看出来，这些心理问题几乎都与自我评价、自我情感体验以及自我调控相关联。当然，青春期少年的自我意识发展总体上来说还是一个由不成熟到趋于成熟的过程。虽然人的一生面临着层出不穷的人生危机、矛盾和冲突，但同时这也是成长的机遇和任务，在这一过程中，人们不断成长、不断完善着。

◎ 青少年的自我认识

1. 我想我是……

自我认识是认知的一种形式，主要包括个体的自我感觉、自我观察、自我分析和自我评价等方面的内容。

在青春期以前，儿童对自己的认识，多半通过老师、父母和同伴对自己的评价来进行。进入青春期后，他们开始主动地观察和认识自己，常常思考："我是一个什么样的人？""我为什么会是这样的人？""我可能和应该成为什么样的人？"等等问题，并迫切地希望从有权威和有名望的长辈那里或从书本中获得问题的答案。

进入初中阶段以后，随着自我认知和自我评价能力的初步发展，少年朋友在观察和评价身边的人和事的同时，也开始有了

独立的自我认知和自我评价：他们有的时候会站在镜子前打量自己长得怎样，并暗暗告诫自己将来要成为怎样的一个人；有的时候他们还会把自己与电影、小说中的主人翁进行对比，并且产生各式各样的遐想。

一位中学生在一篇题目叫作"我"的散文诗中写道："我是迈克尔·乔丹，我是女神，我是名人，我也是小孩儿，我是独行者，我是雅各布，我是小女生，我是安琪儿，我是一艘小船，我是天边的星，我是唯一的我，我是真实的我，我是永远的幸运儿，我是心中的王子的最爱，我是善良的代言人，我是所有的主宰。"

进入初中阶段以后在自我认识内容方面，也具有一定的深度和广度。

他们不仅仅像幼年时期那样只知道自己相貌的丑俊、聪明不聪明，或是每天背着书包去上学，要做个听话的好学生，还开始产生了自己的理想并为之努力奋斗。

2002年，上海一家策划公司就中学生自己对未来和理想的想法进行了一次大型的抽样调查。调查显示，64.3%的中学生希望自己将来是专业技术人员(教师、医生、律师等)，17.9%的学生想做企事业单位管理人员，15.9%的学生想自己开公司做老板，也有10.7%的中学生想当科学家，分别有71%和65%的中学生想当明星和一般职员，分别有36%和31%的人选择当警官和作家。

这一时期的少年朋友们虽然已经采用抽象逻辑思维为主要思维形式，但思维水平还比较低，还处于从经验型向理论型的过渡时期。我们虽然喜欢独立思考、喜欢争论，不墨守成规，但由于缺乏社会经验、知识储备不足，思考问题有时会表现出单纯幼稚，因而导致在认识自我、分析自我、评价自我方面，以及在处理生活、学习中遇到的问题时仍带有很大的片面性和极端性。

青少年朋友如果想了解自我意识，弄清"我是谁"，不妨做做下面的小练习。

我是谁

1）写出20句"我是怎样的人"并编号，要求尽量选择一些能反映个人风格的语句，避免出现类似"我是一个男生"这样的句子：

我是一个_____的人。

我是一个_____的人。

……

2）将陈述的20项内容作下列归类：

A.身体状况（你的体貌特征，如年龄、身高、体形、是否健康等）。

编号：

B.情绪状况（你常持有的情绪情感，如：乐观开朗、振奋人心、烦恼沮丧等）。

编号：

C.才智状况（你的智力、能力情况，聪明、灵活、迟钝、能干等）。

编号：

D.社会关系状况（与他人的关系、如何和别人应对进退，对他人常持有的态度、原则，如：乐于助人的、爱交朋友的、坦诚的、孤独的等）。

编号：

E.其他

编号：

（分类是为了了解自己对自己各方面的关注和了解程度，某一类项目多，说明你对这方面关注和了解多；某一类项目少或没有，说明你对这方面关注和了解少或根本就没关注、不了解。健全的自我意识应能较为全面地关注和了解自己。）

3）评估你对自己的陈述是积极的还是消极的。在你列出的每句话的后面加上正号（＋）或负号（－）。正号表示"这句话表达了你对自己肯定满意的态度"，负号的意义则相反，表示"这句话表达了你对自己不满意、否定的态度"。看看你的正号与负号的数量各是多少。

（如果正号的数量大于负号的，说明你的自我接纳状况良好。相反，你的负号将近一半甚至超过一半，这显示你不能很好地接纳自己，你的自尊程度较低，这时你需要内省一番，寻找问题的根源，比如是否过低地评价了自己？是什么原因使你成为这样？有没有改善的可能？）

其实，不仅青少年朋友在探索"我是谁"这个问题，一只山羊也在思考：

早晨，一只山羊在栅栏外徘徊，想吃栅栏里面的白菜，可是它进不去。这时，太阳东升斜照大地，在不经意间，山羊看见了自己的影子，它的影子拖得很长、很长。"我如此高大，定能吃到树上的果子，吃不吃这白菜又有什么关系呢？"它对自己说。

远处，有一大片果园，园子里的果树上结满了五颜六色的果子。于是，它朝着那片园子奔去。到达果园已是正午，太阳当顶。此时，山羊的影子变成了很小的一团。"唉，原来我是这么矮小，是吃不到树上的果子的，还是回去吃白菜的好！"于是，它不悦地折身往回跑。跑到栅栏外时，太阳已经偏西，它的影子重新又变得很长很长。

"我干嘛非要回来呢？"山羊很懊恼，"凭我这么大的个子，吃树上的果子是一点问题也没有的！"

青少年朋友的自我认识是否同山羊一样带有一定的片面性，如果有这种情况大家也不要担心，自我评价的片面性是青少年自我意识发展中常见的现象，这正是青少年朋友需要成长的原因。这种片面性一般有两种情况：高估自己和低估自己。

2. 哈哈镜——高大的我和渺小的我

高估自己和低估自己是青少年自我评价的特点之一。对自己评价过高会产生过分自信，当他们受挫折时容易产生消极情绪；而评价过低导致缺乏信心，可以达到的目标也不去努力争取。因此，适当的评价才是正确的，它可以使自己处于既不自满也不自卑的状态，有抱负、有上进心，而且能够经常看到自己的缺点并及时克服。许多品学兼优的学生都能够在不同方面、不同条件下对自己做出适当的评价，并且根据具体情况采取相应的调

节措施，不断提高和完善自我。

前面案例中提到的小勇的成功不就是一个很好的说明吗？而下面的小楠则从反面证明了不恰当的自我评价对同学们的影响。

小楠是某重点中学高三的学生，因在学校盗窃自行车、手机等物品，作案数起而关进了铁窗。他坦言，作案的动机并非为了钱财，而是为了让自己失败得更彻底。由于想当然地认为自己能当"领导"，做"伟人"，加上从小学、初中以来养成的以自我为中心和盲目乐观的心理，当在现实的学业与班干部竞选中受挫时，他很轻易地就选择了自我放弃，经常逃课并结交了社会上的一些不法分子。最后，他成了全班最差的学生，无法继续学业。面对自己的失败，他归咎于当初错误地选择了理科班，并最终以犯罪的方式来宣泄自己的苦闷。

自我评价出现偏差，常常会导致一个人拒绝接纳自己，包括对自己的容貌、性别、身材、智力、能力以及家庭背景产生强烈不满，又因为不能改变这些既成事实而感到焦虑抑郁，并对自己产生厌恶情绪。小翠就是这样的同学。

小翠5岁时，有一次妈妈做鱼，让她自己单独去打酱油。在回家路上不小心摔了一跤。妈妈安慰她说："女孩子嘛，又不能和男孩子比，能买回来已经很不错了。"小翠心里很不服气。小学五年级，有一回小翠带男同学回家吃饭，父亲很高兴，直夸男孩子吃饭的样子真可爱，大口地吃，生龙活虎的，不像女孩子细嚼慢咽，还吃不了多少。从此，小翠开始羡慕男孩子的吃饭样子。上了中学，小翠发现以前同班学习很差的几个男生"突然"变得十分聪明，成绩很快地提高起来还考到班级前几名。这让小翠很自卑，感觉作为女生的自己智力已经开始下降了。学

校组织夏令营，小翠主动报名扛大旗，老师看了看她说："还是找个男生吧，男生比较有力气。"运动会上，小翠报名参加了800米跑，她的体育成绩一直很好，本来想努力争取拿第一名，可是那天正好赶上来月经肚子痛，结果连名次都没有得到。

从此，小翠开始厌恶自己，觉得当个女孩子干什么都不行。她开始拒绝穿裙子，把一头长发剪成了"小寸头"，学男生说话、走路，动不动就和别人打架、摔跤，甚至吵着要父母带自己去做变性手术，爸爸气愤地骂了她。小翠觉得做女人一辈子也没什么希望。

3. 理想的我和现实的我

理想自我是理想中的自我形象，主要包括自我想要达到的目标以及自己在别人心目中的位置和别人对自己的看法。

现实的自我，是指个人当前发展所达到的实际的自我状态，即自我在能力、品德、业绩等方面的实际表现。

青少年时期是自我意识发展的关键时期，由于发现了"自我"，这样早年统一的"我"便发生了分化，分成"主观的我"（自以为是什么样子）和"客观的我"（实际上是什么样子），"现实的我"（现在是什么样子）和"理想的我"（最好是什么样子）。

在进入青春期以后，自我意识显著发展，我们经常将自我与他人，特别是与比自己强的人比较，现实自我和理想自我的矛盾就凸显出来了，青少年容易出现理想自我与现实自我的脱离，即自我期望过低或过高的现象。如果发现理想自我和现实自我的距离太大，就会感到痛苦和不安，处理不好，可能引发许多心理问题。

小林的父亲是一名大学化学教授，母亲是科研工作

者。小林从小就立志成为一名化学家，她坚信自己一定能够像居里夫人一样的出名。升入中学以后，学校开设了化学课，小林很高兴，每堂课都仔细听讲、认真做笔记。但是，奇怪的事情发生了：小林似乎没有"遗传"父母的化学天分，无论怎么认真背、写、算，小林对化学就是不入门，几次考试下来分数都不高。小林非常失望，认为自己的理想破灭了，一辈子也成不了化学家，从此自暴自弃。

小林原本是个雄心勃勃、意气风发的少年，为什么却对自己失去了信心呢？这是由于她的自我认知出现了偏差。她不能客观实际地、辩证地评价和看待自己，导致了信心的丧失。

少年儿童在家中、在学校所接受的大都是理想化的教育，这使得他们进入中学前，已初步形成了一种理想化的观念和人格。进入中学以后，少年的自我意识开始觉醒，独立性增强，逐渐地社会化，少年开始把眼光投向变化中的社会。这时，理想化的观念将受到根本性的挑战，必然造成心理与行为表现出理想与现实的矛盾冲突。小林的问题正是由于不能正确地处理"理想自我"和"现实自我"之间的矛盾冲突，不能及时调整自己的心态来适应这种变化所导致的。

实现现实自我和理想自我的统一可能会出现两种不同的情况，即积极的统一和消极的统一。

积极的统一是用正确的、符合社会发展要求的、有利于社会进步的理想自我去改正、完善现实的自我，使个性得到升华。

消极的自我意识统一，是降低或放弃正确的理想自我，以达到理想自我与现实自我的统一。有些青少年缺乏改变现实自我的勇气，为了解除自我意识的矛盾，强调客观原因，不做主观努力。有的甚至改变现实的自我去符合错误的"理想"自我，与坏人同流合污，做了坏事还心安理得。这种消极的自我意识统一是个性的退化，危害极大，应尽力防止。

4. 瘦=美吗

　　进入青春期的少年男女对于生理上的发育和变化往往缺乏足够的心理准备，他们会不由自主地进行自我形象与他人的对比，一旦出现较大的差距，就会产生心理障碍，不能接受自己的身体特征。如不少少女的减肥成瘾现象。"苗条纤细"似乎成为我们整个社会的主流时尚，这也极大地影响了花季少女的审美标准：越是瘦骨嶙峋，越是弱不禁风，才酷才美。于是，丰满一点的女生就为此苦恼不已。

　　少女小成一直为自己胖嘟嘟的脸颊和肥大的臀部感到苦恼，每当她看到自己身边的女同学一个个都长得小巧而匀称，就自惭形秽。她恼恨自己为什么偏长得这么胖，

为了尽量不引起别人的注意，她一改以往的活泼好动，变得沉默寡言。本来，她是班上的"游泳健将"，可是从初二开始，她就不在游泳场露面了。她认为，穿上泳装会更加显露她的"缺点"。她曾悄悄打过电话给中学生心理热线，询问怎样才能把臀部变得小一点，而心理热线的主持人却告诉她，女孩子在发育期间臀部变大是正常现象，不必为此烦恼。主持人越是这样说，小成就越不相信。她认为心理热线的主持人不过是安慰自己而已。她开始低着头走路，回避别人投来的目光。她尝试过种种减肥方法：节食、服药、做运动，却丝毫没有作用。小成为此自卑不已，甚至产生过轻生的念头。

她说："我也和其他年轻的女孩一样，我也有一颗爱美之心。可是我很胖，这让我很自卑，活得很沉重。"

"我从小就胖嘟嘟的，那时候大人都说我可爱。可是，渐渐长大了，我体会到胖不是一件好事。我对称体重，对体育课、运动会都会感到恐惧，平时还非常怕听'猪'这个字眼。当我长成一个少女时，便和所有女孩子一样，喜欢穿漂亮的衣服。但是，漂亮的衣服却与我无缘。我一年到头都穿着黑色、藏青色等深颜色的衣服。因为从美学角度来看，深色的衣服能使人看起来更瘦一些。但是深色衣服看起来死气沉沉，一点活力都没有。这个世界对胖子太残酷了。"

"上了大学以后，男生女生总是成双成对，而我总是和自己的影子为伴。我曾经看过一篇小说，讲的是一个男孩，在女孩减肥的时候对女孩说：'小丫头，不要这样折磨自己。你多胖我都会喜欢你的。'这让我十分感动。可是，这样的情节只发生在小说里，现实生活中没有。我

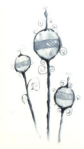

很自卑，和男孩交往时，总觉得自己长得太胖、太丑了，有时连大声说话的勇气都没有。即使有人给予我关心和爱护，我总感觉他们在骗我。我不敢面对感情。久而久之，男女同学都离我而去，他们说我性格孤僻，不易相处。我自己知道，这都是由"胖"引起的。我下定决心减肥，可是，几乎所有的减肥药都试过了，也未见效。于是又尝试运动减肥，每天坚持运动3个小时，两个月下来，居然是一斤也没减掉。我又开始节食，一天只吃三个苹果。这样坚持了3个星期，站到体重计上一看，嘿！由原来的77千克减到了75千克。虽然只瘦了2千克，但我还是看到了希望，于是我想给自己一些小小的鼓励，允许自己吃一些除水果之外的零食。但每次吃完后，又会有很大的罪恶感，害怕体重增加，又'卷土重来'。可是一觉睡醒后，又开始重复不断地进食和不断地后悔。一个星期后，再次站到体重计上时，又变成了78千克，我痛苦得当时几乎晕过去。"

"那天晚上，我空腹围着操场跑了一圈又一圈。当我再没有力气跑下去时，我跌坐在操场的一个角落流泪，我饿得哭了。后来，我去了医院，医生说，我患了胃炎和严重贫血。"

听了小成的倾诉，那些为自己稍丰满的身材而痛苦，进而做着"魔鬼减肥"计划的少女，对此有何感想呢？

另外一类女生，她们一般从小有挑食、偏食的坏习惯。进入青春期后，片面追求苗条，就有意识地控制饮食甚至绝食。久而久之，导致消化功能减退，甚至出现生命危险。

小芊是一名初二学生，原本是眉清目秀、惹人喜爱的文娱骨干，擅长舞蹈和唱歌，只要是班里或者学校开联欢会从来都少不了她的优美舞姿与歌喉。周围的同学都夸她

自我意识的培养

是能歌善舞的大美女。小芊的虚荣心得到了不断的满足。然而，学校的一次体检，她惊讶地看着测量体重的秤上显示着自己体重50千克。"我是不是胖了？会不会有同学背后说我啊？"小芊心里很害怕。于是，她上网查找资料，发现自己比同等身高的那些电影明星、歌星重了几千克。"我真的是太胖了，难怪有时候有的同学用异样的眼神看着我，并且和别人谈论我，虽然我听不到，但是肯定是在说我胖。"小芊开始胡思乱想了。"这样可不行。我一直都是公认的美女，不行，我要瘦下来。"于是，她开始到处查找资料，还专门去书店买了几本关于减肥的书，并且开始在网上的论坛里面咨询别人如何减肥。小芊选择了自认为最容易减肥的方法，"只要不吃东西，不就没有肉长了吗？"于是她开始节食，并且查找各种资料，计算各种食品的热量值，规定自己每日饮食的摄入热量。为了达到快速减肥的效果，每日只喝蔬菜汤和稀粥，后来听说了"7日苹果瘦身法"，竟然真的做到了连续7天只靠吃苹果度日。还真是效果明显，没出几个月，小芊的体重直线下降了3～4千克。不过这样的减肥非但没有让人高兴，反而因为患病而痛苦，她开始出现了呕吐、难以进食、身体虚弱无力、脱水等症状 ——小芊被饿出病了，精神也受到了极大的打击，因为她发现她怎么吃东西都不长肉了，身体弱不禁风。这段"减肥"历史使得她无法继续学业，终于住进了医院。几个月的减肥与一年的休学给小芊带来了巨大的生理和心理上的损害。

《家庭与生活报》也报道了一则类似的消息：上海一名19岁的女孩因盲目减肥引发脑出血，付出了生命的代价。这位名叫李艳的女孩身高165厘米，体重54千克，这样的体型够理想的

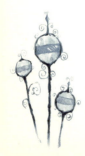

了，但她对自己的体重仍不满意，疯狂减肥，最终多脏器功能衰竭，尤其是造血功能极度障碍，终因脑出血付出了年轻的生命。她临终前体重只有30千克，瘦骨嶙峋的样子惨不忍睹。

◎ 青少年的自我情感

自我体验属于情绪、情感的范畴，主要包括自尊、自信、自卑、自负、自责、自豪感等。青少年对周围的人的评价非常敏感，常常会因他人的一句话而引起很大的情绪波动；青少年常常会把对自己的认识、情感和意志品质的体验与自己的前途和未来相联系，并对自己加以肯定或者否定的自我判断。

1. 敏感多疑——"黛玉病"

处于青春期的少年由于生理上的发育，体态上的变化，对自己比较敏感。这有利于形成清晰的自我形象，建立正确的自我概念，构筑和谐的人际关系。有些同学在镜子面前消磨很多时间，或者对自己的装束、自己在别人心目中的地位、别人对自己的看法等等过分注意，想得太多，就会由于过于敏感而患得患失，疑神疑鬼，引起失眠，形成孤僻、古怪的性格，严重的还可能导致精神疾病。过度敏感的同学会察觉到别人不注意的细微变化，过度敏感再加上过多的思虑，就容易形成多疑的个性。

婷婷，初中三年级学生，学习成绩一直很优秀。小时候因面部烫伤留下疤痕，容貌较丑。进入青春期后，他人一瞥的目光、一皱的眉头、一抿的嘴唇，都会引起她许多联想。过分敏感会由于对外界刺激的应接不暇而出现焦虑与紧张。她产生了嫉妒貌美女生的心态，经常抑郁苦闷，曾几次想轻生。她认为自己是世界上多余的，怨父母对她照顾不周，认为做人没有意思，不如趁学习成绩好给人留下一个好印象而告别人生，求得解脱。

从婷婷的情况同学们可以看到，随着年龄的逐渐增长，同学们开始变得越来越关注自身生理上的特点以及家庭成长环境，这本来是一个值得高兴的现象，然而，一些中学生不知道"人无完人"的道理，过分注重自己生理上的某一方面，或是对生活环境感到不满，就容易变得敏感多疑。

人的正常心理是相对平衡的，具有一定的稳定性。争吵、歧视、侮辱、压抑、焦虑等则会破坏这种平衡，使得心理尚未完全成熟的中学生产生自卑、羞耻、怨恨、不满等情绪体验；重者则会变得思维迟钝、记忆衰退，对任何事物缺乏兴趣，甚至引发心理疾病。

素素13岁那年，由于父母离异，素素由爷爷奶奶抚养。虽然在家里爷爷奶奶对她宠爱有加，但是由于一直以来生活在父母的吵闹之中，缺乏安全感，自卑，她觉得班里的同学都瞧不起她，老师对她也不公平。因此，平时同学多看她一眼她就会以为自己的衣服扣子没有扣好，或者脸上有脏东西；上课时老师说话声音大一点，她就认为是针对自己的，脸马上变得通红。在学校里，素素做事谨小慎微，连走路也是轻手轻脚，小心翼翼。她从来不和别人开玩笑，而且疑心特别重，什么样的事她都会联想到自己。有一次，由于教室没锁好门，不幸被小偷光顾，虽说损失不大，大家难免彼此有些埋怨。素素尤其紧张，她怕别人怀疑自己，反复申明并非是自己最后出门的，后来越说越离谱，竟然说这一天自己和某某在一起。这话实在出乎众人意料，因为从没有人怀疑过小偷出于班级内部啊。同学们发现素素的笔记本用后总放得很严密，她对来信也总是要反复看过封面、邮戳，确认没有破损方才放心。有同学还注意到，她经常在走到洗手间门口的时候，都会听

一阵"墙脚"，怀疑别人背地里说她坏话。这些情况令众人对她非常反感。

素素这是怎么了？因为过度敏感，因而素素对他人特别是对自己比较重视的人的一言一行都过度关注，以至于"老师说话声音大一点"她都认为是针对自己；"教室被小偷光顾"丢了一些东西，都"怕别人怀疑自己"进而为证明自己的清白，不惜说假话。很显然，素素已经患上了心理疾病。这样的青少年朋友应多与他人接触，多参加集体活动和体育运动，从狭小的自我中摆脱出来。

2. 情绪说变就变

由于青少年时期自我情感的敏感，加上自我调控能力不强，这就使得一些青少年往往无法控制自己的感情，情绪起伏不定，说变就变。青少年朋友，你是否有这样的感受，随着年龄的

增加，尤其是进了初中后，你开始有了自己的理想，有时会为了"小小的成功"而觉得前途无量，有时又会为"小小的失败"而心灰意冷。就像俗话说的"少女的心，秋天的云"。

青春期的青少年情绪起伏大、变化多是普遍现象。他们情绪变化的主要表现如下。

两极性：欢呼跳跃或烦躁不安，信心十足或垂头丧气。

不一致性：外部表现与内心世界并非一致。特别是对异性，为了掩饰自己的内心世界，故意表现得冷漠、不在意或回避。青少年朋友，不必惊慌。随着青春期的到来，你的体内内分泌腺分泌旺盛，特别是肾上腺素分泌增多，因此，导致情绪非常不稳定，时而兴奋激动，时而苦闷烦恼，时而多愁善感。

这时，大脑兴奋与抑制不平衡，容易缺乏理智和自我控制能力，加上知识和经验不足，判断事物往往感情色彩太浓。分不清主次，对事物的看法偏激，常常会为一些无足轻重的小事而反应强烈，甚至大动肝火。作为老师和家长有责任帮助青少年安全度过情绪不稳定期，而青少年自己更应该遇事冷静，学会克制自己的情绪。

小莲今年15岁，由于父母调动工作，她曾经转过4次学校，但是在每所学校里她都因为无法适应人际关系而感到不快乐，并经常和同学发生争吵。

这不，刚开学不久，小莲又转到了一所新学校。在新学校里，小莲很快交到了一个不错的朋友。坐在前排的刘敏也是一位转校生，比小莲早来了一个学期。由于大家都是转校生，小莲和刘敏很快熟悉起来，并变成了形影不离的好朋友。每天上学、放学一起走，中午一起吃饭，有时候小莲还请刘敏到家里做客。

可是不久小莲竟然将这个好朋友看成了"敌人"，这到底是怎么回事？原来有一天，早间自习课考试，由于

事先没有做好准备，小莲拿到卷子就发毛了，上面密密麻麻的一堆题目几乎没有几道会做的。她抬头看见刘敏正不紧不慢地答着题，心里高兴，赶紧写了张纸条，团成团扔给刘敏，请她"帮忙"。没想到刘敏竟然把纸条交给了老师。刘敏回来还和小莲说："你怎么刚转来就作弊！"

小莲听了这话不仅不承认自己的错误，竟认为刘敏不讲"义气"，关键时刻不帮朋友的忙。于是愤怒、怨恨的情绪促使她处心积虑地想报复刘敏。一天，趁刘敏不注意偷偷地把一张写有"我是三八"的纸条贴在她的后背上。课间休息了，大家都走出教室放松一下，刘敏也站了起来，刚走到门口，后排的男生就哄堂大笑起来。刘敏发现自己的后背上贴了纸条，气得脸通红，趴在书桌上呜呜地哭了起来。

从此，小莲和刘敏变成了一对互相埋怨、痛恨的冤家对头。

这就是青少年自我情感的特点，情绪像六月的天，说变就变。此时相互依赖、爱怜，好得像一个人似的，形影不离；转眼间，彼时就变成了相互怨恨的陌路人了。

3. 自卑与自信

自卑是一种因过多地自我否定而产生的自惭形秽的情绪体验。在青少年朋友中，有不少同学存在着自卑心理，对自己缺乏自信。

实际上，自卑并非完全是件坏事。适度的自卑会催人奋进，使人通过弥补自身的缺点不断前进，进一步完善自我。这在心理学上被称为"补偿"和"超越"，是人格成长的基本方式。

曾是美国NBA夏洛特大黄蜂球队队员的博格士从小就立志要加入NBA，然而身高仅160厘米的他引起无数人的嘲

笑。但他并没有放弃，凭借"矮个子"重心低、控球稳的优势，经过艰苦努力，终于成为NBA中一位优秀的球员。

然而，如果一个人过度自卑，只看到自己的缺陷而不能认识到自己的优点，那么他将缺乏自信，缺乏积极进取的心理，长此以往会对自己的心理成长产生极大的负面影响。有这种情绪的人，常常对自己多有不满，觉得一切都烦人，做什么事都不顺心，周围充满暗淡、沉闷的气氛。

有的人试图通过穿着打扮、浓妆艳抹等去取得心理上的平衡；少数人想通过参加团伙，或者采取吸烟、赌博、打架、斗殴等反社会的行为去引起别人的注意和重视。

家境贫寒的A女孩刚刚步入社会，为了追求时髦，不惜借钱购买高档衣服，还借钱买了项链、戒指来炫耀自己。周围人羡慕她有钱，她只说是爸爸妈妈帮她买的。有一天门口堵满了要债的人，周围的人才明白过来是怎么回事儿。从此，大家都躲着她走，她也为此陷入了苦恼之中。

自卑心理产生的原因可以归结为以下几种情况。

（1）不能用正确的态度面对挫折和失败

挫折和失败的体验是导致自卑感形成的首要原因。成功而自信的人不是没有遇到过困难与挫折，他们只是善于从困难和挫折中汲取经验和教训罢了。挫折和苦难是他们的财富。

而有的青少年意志力较薄弱，经不起挫折和失败的考验，稍有不如意就灰心丧气；在我们周围常听说这种事：某中学生中考成绩不理想，心理承受不了，竟然想到轻生；某中学生因受家长较严厉的批评便离家出走；某个学生因其貌不扬，终日郁郁寡欢，甚至觉得自己是个多余的人。还有的青少年缺乏持久的"战斗力"，遭遇几次挫折之后就败下阵来，甚至还"破罐子破摔"。这些现象都表明青少年的心理是脆弱的，独生子女在这方面更突出一些。其实，人的一生往往都会遭遇到各种预想不到的

艰难困苦、坎坷、挫折，没有人能够永远一帆风顺、心想事成。

（2）自我评价能力差

青少年朋友更多地倾向于根据他人对自己的评价和期望来认识自己的长短优劣之处。如果他人，特别是像父母、老师等具有权威的人士对自己的期望和评价较低，一些辨别判断能力较差的青少年朋友就会跟从错误评价的引导，对自己做出过低的评价。

初中时，有一次无意中听几个同学在聊天"彭某为什么长得这么矮呢，他妹妹都长得比他高呢。"回家经过认真比较，彭某发现事实确实如此，突然觉得自己很差劲。后来屡次听到亲戚和邻居谈论个子高矮的问题，就感觉抬不起头来，特别是偶尔听到父母的叹气就觉得是自己不争气而让父母不开心。同时也开始从各个方面注意自己，发现自己好像各方面都比别人差。到高中时，情况也没有改变。他喜欢班上的一个女生，鼓起勇气跟她表白，却遭到了女生的拒绝，从此更加认为自己不行。上课经常开小差，心不在焉，导致成绩也开始下滑，他的朋友也因为他的怪异性格不太愿意和他在一起玩耍。而他也觉得同学老是在谈论自己，渐渐地不爱和同学说话，认为别人都看不起他，认为自己各方面都比别人差，不想照镜子，自己讨厌自己。所以经常无故跑回家说自己能力很差，不想继续读书了，在父母的劝导下去了学校，过段时间又会跑回家，父母也对其越来越失望，也有点冷落他，这时他就会认为因为自己差劲让父母不再喜欢他，而把所有的爱都给了妹妹。最后他勉强参加了高考，老是带着"我比别人差，怎么会考上呢"这种思想，没有考上大学后就干脆不再出门了，对父母的劝导也不再理睬，整天待在家里不说话，不做任何事情，认为自己做什么就会错什么。

有不少青少年朋友之所以缺乏自信，有较强的自卑感，往往与社会舆论、性别偏见有关。

刚上初中的琪琪是一位非常聪明伶俐的女孩子，她的学习成绩一直都不错，而且能歌善舞，参加过多次学校组织的演出活动，被老师和家里人视为"掌中宝"。这不，班主任王老师刚刚提拔琪琪做了班长。当了小学六年的学习委员、文娱委员的琪琪今天又荣升班长职务，全班同学都对她刮目相看。

然而，最近班主任老师发现自从琪琪当了班长之后自信心不足，而且总是唉声叹气的，也不爱和同学交往了。一天放学，班主任老师叫住了正在打扫卫生的琪琪，问道："琪琪，最近老师感觉你好像总是唉声叹气的，而且总是自己一个人坐在那里发呆，是不是发生了什么事啊？"其实老师知道，琪琪的工作能力很强，班长的工作根本影响不到琪琪的学习。那到底是为什么呢？难道是琪琪的父母吵架影响她的情绪了吗？终于在班主任老师的启发之下，琪琪说出了原因："老师，我好想哭，我现在很讨厌我自己，我讨厌自己是个女孩子。老师，您说为什么我父母没把我生成男孩子呢？我好羡慕他们男生。"琪琪说着说着就流下了眼泪。

这下班主任老师就更奇怪了，这么聪明可爱的孩子怎么会有这种怪念头。老师禁不住继续问："琪琪，这又是为什么？老师我不也是女生吗？你看你周围那么多女孩子不都很好吗？"

琪琪说："前段时间我听我的爷爷讲，女孩子过了12岁以后就会变笨，而男孩子则越来越聪明。我今年刚好12岁，所以我十分担心自己的成绩会变差。老师，您说我该

怎么办？我怕自己不再像以前那么出色了。"

琪琪依然在哭着，然而琪琪的理由却让老师陷入了沉思。确实如此，当今社会依然存在许多类似的说法，好多老人还持有"重男轻女"的思想，甚至认为女孩子的智力就是不行，根本不是念书的料。但是琪琪已经不是小孩子了，应该自信自立，不能被爷爷错误的思想观念所左右，否则会在性别偏见中失去了信心，失去了前进的动力，贻误了这位优秀女孩的前途，以至终生。

（3）消极的自我暗示抑制了自信心

当一个人做一件事情的时候，经常衡量自己是否有能力做它。每个人对自己的估计是不一样的。性格内向、胆小多疑的人往往夸大外部困难而低估自己的能力，总觉得"我不行"。由于事先有这样一种消极的自我暗示，就会抑制一个人的自信心，产生心理负担，进而限制了潜能的发挥，学习、工作效率必然不佳。这种失败的结果又会成为一种消极的反馈，进一步印证了自卑者"我不行"消极的自我认识强化了一个人的自卑感。这在心理学上叫作"标签效应"。

小敏，14岁，初中二年级学生。在普通小学，成绩一直名列前茅的小敏非常自信、开朗。升入重点中学进入重点班后的第一个学期考试，小敏的总分排在全班54位同学中的第28名。"第28名"强烈地挫伤了小敏的自信心，再想到严厉而不容分辩的父母，她更感到无地自容。

小敏猜想是不是自己上了中学以后开始变得笨了，而别的同学的智力在"快速增长"？为此，小敏闹着让父母给她买了许多补品，她以为吃了这些补品就会提高成绩。然而事与愿违，第二个学期考试，小敏的总分排名竟然变成了第29名。

　　小敏开始怀疑自己是不是得了什么病让脑子变得笨了。越是这样想，奇怪的事情就发生得越多了。她开始产生注意力不集中、睡眠不好、疲乏和心烦等症状。从一本科普读物中，小敏一知半解地了解到：神经衰弱常常表现出注意力不集中、睡眠不好、疲乏和心烦等，会严重影响一个人的学习效率。据此，小敏坚定地认为自己患了神经衰弱，而且她错误地相信"神经衰弱"就是大家常说的"神经病"。小敏不敢告诉父母和老师自己得了"神经病"，怕老师和同学们瞧不起自己，她自己告诉自己：一个得了"神经病"的人怎么能考得好呢？结果小敏的成绩果然越来越差了。

　　后来，在父母的一再追问下，小敏终于说出了自己的"怪病"。妈妈带着小敏去医院进行了检查。医生告诉小敏：她并没有得什么"神经衰弱"，只是一次考试失败导致的自卑心理在作祟罢了。

（4）生理或心理上的缺陷、恶劣的生活境遇容易导致自卑

　　有的人因为生理方面的缺陷和不足(如生理残疾、身患疾病、身材矮小或肥胖、相貌丑陋等)而感到自卑；有的人因为心理方面的缺陷和不足(如智力水平较低、能力较差、性格古怪、脾气不好等)感到自卑；还有的人则因为恶劣的生活境遇(如家庭条件不好、经济贫困、家长的职业地位低下等)感到自卑。在日常生活中，这一类现象比较多一些。

　　丽丽小时候家境优裕，曾经过着小公主一般的生活。然而，好景不长，就在丽丽6岁那年，她的父母由于感情不和，最终以离婚结束了一个美好家庭的生活。更加不幸的是丽丽的爸爸，原本是在商场叱咤风云的经理，却突然因资金周转不灵导致公司倒闭。丽丽的爸爸经受不住家庭与

事业的双重失意而最终患上精神分裂症。

丽丽再也不是自己心目中的那位童话中的小公主了，而是变成了一个命运多舛的"灰姑娘"。她开始觉得自己备受歧视，时间长了性格就变得十分内向，过分自卑。虽然她整天一个人闷闷地待在不像家的家里，看着整天疯疯癫癫的父亲，然而她却更加注意别人对自己的评价了。

7年过去了，丽丽终于考上了重点中学，得到了新的学习机会。一直心里灰蒙蒙的丽丽终于高兴了一下，她心里想上天还是非常眷顾她的，虽然失去了美满的家庭，但是却让自己有了学本领的机会，她要靠自己的双手重新过上小公主般的生活。

可是，突然有那么一天，丽丽高高兴兴地放学回家，不经意间听到邻居的阿姨说道："这孩子真可怜，爸爸是精神病，母亲还跟别人跑了。"丽丽以为邻居在嘲笑自己，虽然她很想走上前去和那位阿姨争辩几句，但是，她突然开始可怜自己，"世上哪有我这样不幸的人？"本想好好学习一番本领的丽丽，学习渐渐变得很吃力，成绩也不断下滑，性格变得越来越内向、孤僻，她开始更加封闭自己了。班里有个同学被封为"第一号呆子"，丽丽偷偷叫自己是"第二号呆子"。丽丽开始看不起自己。由于自卑，她很少接触其他同学，同学们也很少主动接近她。丽丽对自己极度悲观失望，提不起精神去上学，也不想再去上学了，她越来越觉得自己是社会中多余的人，竟然萌发出自杀的念头。

无独有偶，研究生杨元元也是因为恶劣的生活境遇导致自卑，从而变得绝望。

30岁的上海海事大学特困生杨元元，这个终其一生试

图通过克制和倔强来保持内心高贵并努力改变自身命运的人，终于在长期的贫困、冷漠、无助和自责中不堪重负，自缢于宿舍的盥洗室。她幼年丧父，家庭贫困，考入名牌大学却从未找到合适的工作；她30岁了还没有一次完整的恋爱，至死与母亲一起生活，且因此愧不如人。挫折感，焦虑感，封闭倾向，成为无数个像杨元元一样的"蚁族"标签。自卑像一扇屏障裹住杨元元。毕业很长时间里，她都没有配手机，几乎与所有同学都失去联系。在短暂的30年时间里，杨元元在现实的夹缝中所表现出的"坚强"和"要强"同样突出——成长于单亲家庭，自立完成学业，4次考研失败，度过了长达8年毫无成就感的不堪岁月，沉重的家庭负担，带着母亲走到一个尴尬的年龄，"她从未放弃过奋斗，却在曙光将现时谜一样退场了。"一位生前好友这样总结杨元元的一生。

　　世界卫生组织（WHO)发现，世界上因为自尊剥夺而被消沉情绪困扰的人中，只有25%得到足够关爱。其实关注自尊心低落的人极为重要，尤其是对十几岁青少年的关怀，因为自杀已成为导致青少年死亡的三大原因之一。

　　自信心是对自己力量的充分估计，从而对自己产生的一种信心。自信心对人一生的发展具有重要的价值。

　　自信心就像催化剂一样，它可以将人的一切潜能调动起来，将各部分的功能推进到最佳状态。我们从成功者身上可以看到自信心起到的巨大推动作用。

　　古今中外，无数仁人志士拥有自信，推崇自信，从而抵达成功。

自信的胜利

　　小泽征尔是世界著名的交响乐指挥家。在一次世界优秀指挥家大赛的决赛中，他按照评委会给的乐谱指挥演奏，敏锐地发现了不和谐的声音。起初，他以为是乐队演奏出了错误，就停下来重新演奏，但还是不对。他觉得是乐谱有问题。这时，在场的作曲家和评委会的权威人士坚持说乐谱绝对没有问题，是他错了。面对一大批音乐大师和权威人士，他思考再三，最后斩钉截铁地大声说："不！一定是乐谱错了！"话音刚落，评委席上的评委们立即站起来，报以热烈的掌声，祝贺他大赛夺魁。

　　原来，这是评委们精心设计的"圈套"，以此来检验指挥家在发现乐谱错误并遭到权威人士"否定"的情况下，能否坚持自己的正确主张。前两位参加决赛的指挥家虽然也发现了错误，但终因随声附和权威们的意见而被淘汰。小泽征尔却因充满自信而摘取了世界指挥家大赛的桂冠。

　　爱因斯坦——代表着一个世纪科学成就巅峰的名字，他拥有着无与伦比的自信心。相对论发表后，他很快就遇到了前所未有的批评、攻击和谩骂，有人还用极具"创新意识"的手段，挖空心思地炮制了一本看上去论据确凿的书，书名叫《百人驳相对论》。对此，爱因斯坦却没有对自己的学说产生丝毫的怀疑，他这样说："假如我的理论是错误的，一个人反驳就足够了。100个零加起来还是零。"对于代表虚无和空洞的零来说，即使1000个、1万个又有多大意义呢？而唯有真正的自信，永远有着绿树常青的生命力。

　　自信心来自于适当的目标。

　　心理学的知识告诉我们，人的需要和期望是不断发展、永无止境的。但是，新的目标总要以已有的目标实现为基础。譬如登山，登上1000米的高度就要向2000米进发，但是如果1000米高度尚未达到，那么这个人登山首先想达到的高度就只能是1000米，或者还会低于1000米。如果把目标定得太高，那么多次努力都失败了，我们自然就会怀疑自己的能力，在挫折中难以自拔，形成自卑感。

　　王欣欣就读于一所重点中学，已经上初中二年级了。虽然学习成绩还算过得去，但与那么多从各个区考到这所重点中学的"尖子生"比起来，他的学习成绩还差太多，全班六十多人，欣欣一直徘徊在三十几名。一直苦于没有鲜花与掌声的欣欣，非常想辉煌一把，希望自己成为年级第一名，改变大家对他学习成绩不怎么样的看法。然而，欣欣却一直苦于没有良方。这不，最近有一个电视节目，节目中记者采访了一位中学生，他在电视里讲述自己成绩提高的经历，说通过不懈的努力竟然在3个月内就由全班倒数几名一跃考到了全班第一。欣欣很是羡慕这位同学，幻想着自己也在短时间内实现自己重现辉煌的想法。

　　为了达到自己的预期目标，他给自己定下了严格的作息时间表，把每天的24小时计划得满满的，包括上厕所都给自己规定了最长不能超过5分钟时间。一向喜欢睡懒觉，每天没有9个小时睡不醒的欣欣，竟然规定每天最多只能睡5小时，其余的时间都用来学习。就这样，欣欣坚持做到了"3个月如一日"。可是3个月过后，他的体重下降了近10千克，眼镜度数却增加了近100度。事与愿违的却是：欣欣的学习成绩非但没有提高到第一名，反而有所下降了。期末考试竟然排到了第45名。备受打击的他思量着，自己这

么努力，每天废寝忘食地学习，学习成绩不但没有提高上去，反而后退了。欣欣很难过，他反思自己到底为什么这么努力，成绩却不升而降？最后他错误地归因为自己不聪明、不是学习的材料。从此以后，欣欣变得更加不自信了。

欣欣的做法违背了学习的客观规律，不眠不休地熬夜并不能提高学习成绩，反而会让他白天精力不足，无法集中注意力听讲，造成更多的损失。我们应该根据实际情况，给自己树立一个合理的目标，分阶段地完成任务，这样才能增加自信心，学习的积极性也就更高了。

4. 自尊与自恋（王子病与公主病）

在心理学上，自尊感可以是个体对自我形象的主观感觉。一般来说，心理健康的人自尊感比较高，认为自己是一个有价值

的人，并感到自己值得别人尊重，也较能够接受个人不足之处。作为人格特质的一部分，自尊这一特质表现出了人们喜爱或不喜爱自己的程度各有不同。

某位著名歌星曾经对媒体说："其实上帝吝啬得很，他给予每一个人的东西都是有限的。我有天赋的好嗓子，但我却不是很会说话，我的任性、爱发脾气，其实也与我的不会说话有关。我若很会说话，在很多情况之下，就用不着发那么大的火了。"

自尊心使一个人在不利的社会环境中，不向别人卑躬屈膝，不阿谀奉承，不容别人歧视侮辱。自尊始于知耻，有了羞耻心，人才能节制自己的行为，不做庸俗卑贱的事情，有尊严地生活；有了羞耻心，我们会为自己的不当行为而难为情；有了羞耻心，我们做错了事会感到惭愧；有了羞耻心，我们辜负了他人的期望会觉得内疚。

青少年朋友一定要记住：一个没有自尊的人，也很难得到别人的尊重。无论是自己对自己价值的肯定，还是他人对我们价值的肯定，即自尊与被人尊重都是快乐的。

过分自尊的中学生在与人交往时，十分警觉他人动作、表情、姿态的细微变化，若感到有损于自尊，在行为上随即做出反应：性格外向的会暴跳如雷，性格内向的可能躲在一边偷偷落泪。过分自尊的中学生里有不少是自卑者，他们担心别人看不起自己，于是在交往中过分重视他人对自己的评价，为了取悦他人，可能导致说谎，甚至做出不该做的害人害己的事情。

过分自尊有时还表现为自我感觉过好，称为王子病（公主病）或自恋症。

王子病与公主病

古希腊有个神话故事：英俊的美少年那喀索斯，有一

天在水中发现了自己的影子，便一见倾心，再也无心顾及其他人和事，一直留在水边依依不忍离去，最后终于憔悴致死。后来，人们便以那喀索斯的名字来命名自恋症，又称为"公主病"。公主病患者多数是未婚年轻女性，自小受家人呵护、伺候，心态依赖成病态，公主行为受娇纵，有问题常归外因，缺乏责任感。有这种特征的男性则称为"王子病"。

"自恋症"也属于一种错误的自我意识。所谓"自恋"，不仅仅指"自我迷恋"，也表现为过度自我重视、夸大，对别人的评价过分敏感等等。他们对人、对己的基本看法通常是："我是卓越的，才华出众的，别人比不上我，所以都嫉妒我。"他们认为别人对他们的关注、赞美、关心、帮助都是理所应当的，成功、权力、荣誉也理所应当是属于自己的。因此，他们对待批评、挫折的反应是愤怒、敌意，甚至会采取报复行动；他们缺乏同情心，对人冷漠，因而也会利用或玩弄他人的感情。

有个学生曾这样"戏弄"他的老师：上午老师让他罚站，下午他便打电话"通知"老师，自己在黄河边上，想不通要跳黄河。急坏了的老师，动员所有没课的同事四处找。就在所有人像热锅上的蚂蚁在黄河沿线团团转的时候，老师的电话又响了："我在校门口，看你以后还敢欺负我。"

他们没有责任感，更没有愧疚感，做错事总会寻找借口和"替罪羊"，因为，如果承认错误会威胁到他们的自我评价。

每学期末学校都会组织一次学生对老师的"民主测评"，学生给老师打分。令老师心寒的是，只要平时对哪个孩子批评多一点，就会遭到报复，"怎么坏就怎么说"。

有一次，一位老师苦口婆心连续3天给一个问题学生做思想工作，学生请来了家长，家长也"似乎被感化了"。

可后来才知道，所谓的家长是学生花钱雇来的，真实身份是学校附近市场上卖面的商贩。

自恋者他们只顾及自己的尊严，却不尊重别人的尊严，有时甚至做出一些损人利己的事情。如在排队乘车时会经常插队，遇到老弱、孕妇及行动不便者也不肯相让。除此之外，他们对别人的议论颇为关心，一旦听到赞美之词，就趾高气扬、喜形于色；反之，如果别人指出他的缺点，甚至是别人的某句话、某个无意的举动稍不如己意，他们就会暴跳如雷或怀恨在心并伺机报复。他们嫉妒别人的聪明才智，抱有"我不好过，谁也别想好过"的心理。在和别人相处时，从不设身处地地理解别人的情感和需要。热衷于与他人比较和竞争，因为他们希望能在竞争中打败他人，证明自己的优越。然而，当他们无法胜过他人时，会充满嫉妒与敌意，对竞争对手进行恶意的攻击或陷害。

一位男生把另一位男生打了，原因是"他走路那个样子我看不惯，他干嘛那么'拽'？"他看不惯别人比他（她）强，我没有的别人不能有，不允许别人比我"拽"，否则他们就会搞些小动作，甚至会想方设法让你"拽不起来"。

几位女生把一位女同学按倒在地一阵殴打，原因也只是那女生穿着打扮比她们前卫、比她们好看。

实际上，自恋者的内心深处，常深藏着自卑和自责心理。他们虽然表现出自命清高，超凡脱俗，但其实对别人的只言片语都极为在乎，他们只是用"唯我独尊"来构筑一堵自我防御的围墙。

"我是个文学专业的研究生，正在读博士学位，可称得上天之骄子了吧。从小学到大学，我一切顺利。大学毕业后，又被推荐读了研究生。但最近，我发觉自己陷入困境，似乎很难念完博士学位。"

"前不久，我写了一篇论文。我认为那是篇很有价值的论文。我相信，它会在文学界产生轰动，并会产生深远的影响。但我写到三分之二时，却很难进行下去。我的导师们对我的文章很不以为然，而且还软磨硬拖，阻碍它早日脱稿发表。我知道，他们都是嫉贤妒能，怕我的文章发表后，显得他们自己脸上无光。其实，这正说明他们故步自封。不过，我会尽力而为，用行动证明自己能超越他们，同时证明他们不过如此。"

"就是因为此事，近来我严重失眠，常在床上翻来覆去睡不着。本来我和女朋友的关系还可以，近来也显得非常紧张。我不知是怎么回事，希望能得到您的帮助。"

以上是一位咨询者通过热线电话向心理咨询医生求助的录音记录。然而经过多方面的了解，实际情况却是这样：这位博士口口声声赞美的那篇惊世之作完成之后，他的导师和其余几位教授都认为，那只是一篇平庸之作，既无新的见解，论述也不够全面。

这位博士以前的中学同学也反映，他在学校里总是以一种高高在上的优越感与人相处，"天马行空、独来独往"，令人难以接受。当然他也有不如别人的时候，此时他就会妒性大发，把别人说得一文不值。因此他没有什么朋友，也不理别人。在现在的女友之前，他曾结交过好几个女孩子，但谈的时间不长，一个个都离他而去了。据其现任女友称："我同他认识的时间也不长，开始他似乎对我很迷恋，但不到两个月，便开始冷淡我。起初，我对他的孤傲、自负很赞赏。但现在，我越来越受不了他那种盛气凌人的劲头了。"

5. 恃才傲物，过分自负

自负就是过高地估计自己。自负实质上是无知。主要表现

自我意识的培养

为不自知。俗话说："自知者明"、"人贵有自知之明"。无知有两种表现，一是盲从，二是狂妄。

虽然说"自信"十分重要，可如果"过分"自信，那也有可能会成为"自负"。"自信"和"自负"之间存在一个度，人们需要正确的认知以便将两者区别开来。

实习老师刚走出教室，"啪"的一声脆响，有同学把书狠狠摔在桌上，"有几个音弹错了，颤音也没唱出来，这样的水平还来教我们？"惊讶的目光都聚集在他——李博的身上。他是学校的文艺骨干，从小深受执教于音乐学院的父母的影响，弹得一手好琴，曾多次代表学校参加文艺演出或比赛并获奖。

他不仅有文艺特长，而且还写得一手好文章。但就是这样一个好学生，同学们都不太喜欢他。为什么呢？原来除了几个亲密的伙伴外，他不大爱同其他同学讲话。当有同学问他问题时，他总是轻蔑地说："这都不会！"久而久之，没人愿意搭理他了。

他的家境非常好，打扮入时的他有很多优越感，经常挑剔，讥讽其他同学。一旦别人"窜"到了自己前面，他就会很不屑地说："有什么了不起，瞧那穷酸样儿。"

李博的狂妄自负，不仅伤害实习老师，也是其不良个性的具体表现。自负的人是"自我为中心"的忠实实践者。由于他们自以为是的态度、唯我独尊的霸气、傲视群雄的藐视使接触他的人感到压抑和尴尬，长此以往，他就失去了一种谦虚旷达的胸怀、坦然宽容的风度、平和释然的心智素养，与朋友的关系日益疏远，排斥他人、孤立自己，成为名副其实的"孤家寡人"了。

自负是一种自傲态度和情绪体验，是一种不良个性的具体体现，其形成原因是多方面的。

(1) 成人片面的评价

心理学家库利提出了"镜中我"的概念，认为在与他人交往的过程中，他人对自己所表现出来的行为和态度，就像一面镜子，使个体对自己是一个什么样的人，有哪些才能、有哪些优点和缺点能从"外面"加以认识。

家庭是孩子成长的摇篮，家长的态度和评价无疑是他们人生中第一面，也是重要的一面镜子。如果家长溺爱孩子，对孩子总是表扬、夸赞其优点，对其缺点视而不见，避而不谈，那么这面镜子就会失真。这些片面的评价会给孩子一种错觉，以为自己就像父母所说的那样了不起，似乎没有任何缺点。入学后，一旦被老师贴上"好学生"的标签，会进一步强化其自负的心理。

(2) 人格发展不完善

根据心理学家詹姆斯提出的公式：自尊=成就/追求，在同样的成就水平下，自我期望值越高，自我满意度越低。反之，自我期望值越低，越易于满足。所以不难理解没有远大目标的孩子即使稍有进步，极易自得自傲，踌躇满志，产生自负心理。

(3) 生活中缺少挫折和磨难

人的发展会受到生活经历的极大影响。生活中遭受过许多挫折和打击的人，很少有自负的心理；而生活中如果一帆风顺，则很容易养成自负的性格。独生子女一般家庭条件优越，如果在学校也表现得很好，总能获得肯定，目标总能实现，这样的顺境会使他们产生无我不能、无所畏惧的错觉，因而盲目自信和自高自大。

(4) 情感上的偏颇

有些孩子自尊心特别强烈，为了保护自尊心，在交往挫折面前常常会产生两种既相反又相通的自我保护心理：一种是自卑心理，通过自我隔绝，避免自尊心的进一步受损；另一种就是自负心理，通过自我放大，获得白卑不足的补偿。例如，一些家庭

自我意识的培养

经济条件不是很好的学生，怕被经济条件优越的同学看不起，装清高，在表面上摆出看不起这些同学的样子。这种自负心理是自尊心过分敏感的表现。

（5）家长及其生活条件的影响

有些父母由于自身条件比较优越，总是表现一副洋洋得意、目中无人的神态，经常会流露出对他人的不屑。如他们经常议论同事的缺点，某某不如自己。孩子听到这些话，也会仿效父母，只看到自己的长处，而嘲笑别人的短处。

自负往往会导致自满，使我们丧失进取心，增长虚荣心。另外，自负心理还容易使我们意志脆弱，经不起挫折和打击。"90后"的青少年，承受挫折的能力相对较弱，甚至遇到不大的事情，也会有很大的情绪反应，采取过激的行为。比如和朋友或父母吵架后，有的学生会用小刀割伤自己。

有一位少年歌手去国外参加国际歌手大赛，由于过于紧张，不小心唱跑了调。这位少年歌手初露头角时一帆风顺，习惯了掌声、鲜花和奖牌，对挫折的心理承受力太弱。他万没想到这次在国外比赛失败，因此失去了心理平衡，最后以自杀告终。究其原因，可以说：过于自负是他自杀的重要因素之一。

有一个俗语叫"小时了了，大未必佳"，是说一个小孩子，小的时候非常聪明，但长大了以后不一定成材。先天的聪明自然是好的，但若无后天的培养和努力，也会变成一块无用的材料。很多人自恃生性聪明，不肯好好学习，聪明反被聪明误，长大后反而变成最无用之人。朋友们应该还记得《伤仲永》的故事吧！张强就是一个不折不扣的现代"小仲永"。

张强以当年理科高考状元的身份考入了天津市一所重点大学，被家乡传为佳话。上了大学以后的张强自恃学习基础不错，就整天不学习，不是躺在宿舍睡觉，就是泡在

网吧玩电脑游戏。原本从没担心过学习成绩的他，刚上大学的第一学期期末考试两门功课不及格，侥幸补考通过。张强竟然认为，原来大学里的课程这么好混啊，不用好好学，大不了就补考，肯定能通过。也不知道为什么，以往的那种争强好胜的心态消失了。就这样，玩了一个假期的张强终于又迎来了一年级的下学期。开学了，他仍不吸取教训，继续玩电脑游戏，通过朋友的介绍，张强认识并迷上了一种叫"传奇"的网络游戏，这个虚幻的世界让张强再一次找到了"状元"的感觉。按他的话讲，"那个时候现实里的天是灰的，我投入到虚幻中去，因为传奇的世界里生活是那么的有意思，于是我不停地练级，不停地打钱，极品装备，不断地追求出众，似乎觉得那些才是世界上最最重要的。"张强疯狂地旷课，最长的一次竟然和同学在网吧一口气待了16天，也不出去吃饭，就靠一起玩游戏的"朋友"给带些零食。

半个多月过去了，等到张强返校的那一天，系里通知他已经被除名了。看着系里公告牌上的大字，张强不知道如何向家里交代。其实，这个消息早已由系里通知了张强的家人。张强的父母很着急，不想让自己辛辛苦苦培养考上重点大学的儿子就这么完了。他们想尽办法，多方托人找关系，他母亲甚至还跪着恳求系主任网开一面。最后张强的学籍勉强被保住了。

遇到了这么大的挫折，张强应该吸取教训，改过自新了吧！但是，他不但没有吸取教训，仍然我行我素，整天在学校里混日子，依然游走于网络游戏的虚幻世界与自己现实的大学生活中。4年过去了。张强只拿了个专科证书。毕业了，由于几年在大学里荒废了学业，没有学到多少真

才实学，在激烈竞争的现代社会张强很难找到一份工作。还是张强的父母再一次托关系找人，好不容易在开发区给他找到一份收入微薄的工作勉强糊口。经受了这么多挫折之后的张强，无法树立起自信，情绪郁闷不乐，还是在游戏的虚幻世界里寻求精神寄托。

工作不到一年，张强突然冒出了自杀的想法，这是为什么呢？原来自己谈了6年的女朋友考上了重点大学的硕、博连读，她觉得张强实在不知进取，没有什么前途，便提出跟他分手。被女朋友的分手声唤回到现实世界的张强懊恼不已，哭着挽留女朋友，然而一切都已经为时太晚了。

"钟不鼓不鸣，人不学不灵"。躺在"温床"上睡大觉、不思进取的人必然要落后。恃才自傲、过分自负只会使人尝到失败的苦果。

苗苗是家里的独生女，爸爸妈妈的掌上明珠。由于家庭条件比较优越，苗苗从小练习弹钢琴，虽然只有14岁，但是她已经考下了钢琴的八级证书。亲戚朋友们都羡慕她、夸奖她。同龄的小伙伴们更是对她刮目相看。可是苗苗很自负，总是瞧不起别人。朋友们虽然很羡慕她的才能，但是都不爱和她玩。她也不爱搭理人家。同学问她问题，她爱答不理，还挖苦、讽刺别人。有时候甚至得意忘形，目空一切，对成年人也非常傲慢无礼。一次，爷爷奶奶和她聊天聊到弹钢琴，她竟然当面说他们"无知"。

想当然地认为自己一定能够被高校录取的苗苗，在临考前一个月，还偷偷和两个朋友跑到西藏去旅游，由于缺乏准备，考试结果让她大呼意外。父母和老师鼓励她来年重新再考，然而落榜的苗苗没有吸取教训，她认为自己凭一张钢琴证书不怕没饭吃。她在家里游手好闲，没事儿就

召集"姐妹们"来家里打麻将。后来,一个"姐妹"介绍她到一家夜总会弹琴,苗苗很高兴地应允了,却没有想到那家夜总会是做"非法"生意的。苗苗近墨者黑,耳濡目染地学会了吸毒,最后因吸毒、卖淫等罪名银铛入狱。

6. 深深地自责

正常的自责有助于消除缺点,改正错误,提高个人修养,这是可贵的品质。但是,过分自责却是消极的,具体表现有以下几种。

第一种,对自己的错误和缺点长时间地进行自责,心理上长期受折磨。

第二种,即使错误缺点很轻却反映强烈,出现不能自控的自我伤害行为。

第三种,对自己偶然的错误缺点夸大为整体的甚至是品质性的错误、缺点,对自己全盘否定,划入坏人范围,从而出现自我惩罚的行为。

第四种,有些同学把本不属于自己的错误缺点归咎于自己,总认为是自己不好,使自己长时间地陷入自责的痛苦之中,影响学习、生活质量,严重时可能出现自我伤害的行为。

过分的自我责备也是青少年朋友容易产生的心理问题。心理健康的人,做错事后也有后悔的心理,但后悔后却能够自我安慰,并且适度的自责可以帮助我们更好地认清自己的问题,避免下一次犯相同的错误。然而,过度自责的人则会对自己的"失误"深恶痛绝,严厉地谴责自己,甚至可能想到要用"自杀"来惩罚自己。

受到父母的熏陶和影响,峰峰从小就酷爱足球,是个超级球迷。同时他还是学校足球队的队长。可以说为了足球他愿意牺牲一切。为了看球,他常常等到凌晨,却一直

是无怨无悔、痴心不改。足球简直就成了峰峰的生命，峰峰的一切。幸运的是，峰峰的父母也特别支持他，因此，在学习以外足球就是他的全部。

然而有一天，就像张恒歌中描绘的情景差不多：那个下午，那个阳光灿烂的9月的下午，在峰峰背着书包匆匆走向学校的下午，在阳光下许多故事缓缓酝酿的那个下午，峰峰听到一种声响……醒来之后，他发现自己已躺在医院的病床上，他的腿被汽车撞坏了。那天正好是省体校对他进行最后面试的日子，峰峰因此而失去了深造的机会。

躺在床上的那段日子，峰峰思想麻木，欲哭无泪。随后的几个月里，更是懊悔、自责。他恨自己，认为当天有很多的理由可以避免那场灾难。如今，峰峰虽然已经能够做基本的运动了，但是他却无法建立像以前一样的信心，老是无法摆脱深深自责的阴影。

还有的同学不允许自己犯错误，如果出错就陷入深深的内疚和自责状态中不能自拔。他们追求完美，结果反而使完美成了心理负担。

今年刚上初中一年级的岳萍，是一个各门学科成绩都非常优秀而且各方面都追求完美的女生。从幼儿园到小学一直都是全班前两名，而且担任着班干部，周围的同学都很羡慕她，觉得她是一个了不起的人。的确，这么多年，小萍对自己的要求都非常严格，勤奋刻苦，她觉得只有严格要求自己才能进步。

她以优异的成绩考上重点中学之后对自己的要求更加苛刻了。为了能够继续拿第一名，她从上中学的第一天起就给自己定下了明确的规定，每次考试的各门成绩都不能低于90分，而且把这条规定贴到了自己的床头。然而，与

小学比起来中学的科目多了不少，而且难度也大了许多。一次平时小考，她的数学只得了85分。面对自己定下的目标，小萍为此感到十分痛苦，但是她想了许久，怎么也找不出原因。她曾试图为自己开脱，说这次测验太难了。可是，她同桌的95分再一次刺激了她的神经。从此以后，小萍吃不好饭、睡不好觉，每次拿起书本就会想到自己考了85分的尴尬经历，想起老师表扬同桌却没有表扬自己。

为了挽回失去的面子并且洗刷她自己85分的"耻辱"，她给自己又定下了一条规定，即每天早起要先花上1个钟头来谴责自己不够努力，一定不能重蹈85分的覆辙。

然而事与愿违，她紧绷的神经与每天1个小时的自我谴责，不仅耽误了学习时间，而且导致学习效率越来越低。结果到了初一的第一个期末考试她竟然有一门功课亮了红灯。

其实，生活中每个人都会出现失误或是犯错误，即使不小心犯了错误，亡羊补牢为时未晚。尽快地振作起来才是我们的亲人、朋友所愿意看到的。既然已成事实，就要勇敢地面对它。只有保持冷静，沉着应对，靠我们的勇气、经验和智慧，才有可能战胜危机。如果出现问题以后只是一味地自责，那么就会耽误更重要的事情。与其陷入自责不如坦然面对，承认事实，只有这样你才能一切从零开始，重新站立起来。比如上面的峰峰，足球行业分工很多，实在踢不了球，可以当裁判，也可以当解说员，或是在某些俱乐部里工作。总之，无论在什么时候，我们都不要轻易放弃希望，因为自己的绝望才是最大的危机。

你知道美国的梅西（Macy's）百货公司吗？它是美国最大的百货公司。今天，全美一共有100多家梅西百货公司，这些公司的存在，乃是因为一个人的永不放弃。

创始人梅西一开始就决定向零售业发展。于是，他在波士顿开了一家小小的针线铺，可生意在一年之中就失

自我意识的培养

败了。次年，他再度尝试，可他的辛勤工作并没有得到收获。之后，他挖过金矿，也开过杂货铺，卖东西给矿工。甚至还邀请了两位合伙人，开了一家梅西公司，但后来黄金不再热了，他们把店铺卖给了同行。后来，梅西又在马萨诸塞州的哈佛山开了一家杂货店，没有成功，可他没有气馁，第二年又开了一家店，经过3年的惨淡经营后，只能宣告破产。

梅西从每一次的经商中总结经验，进而开始建构自己的一套经商哲学。后来，梅西开了一家豪华的干货店。一年之后，他已经有8万美元的营业额。到了20世纪70年代，平均每年的营业额是100万美元。梅西也因此成为美国的零售业之父。

梅西这种一而再、再而三地从失败中站起来的特质，让他转败为胜，成就了自己的梦想。

青少年朋友，我们从梅西转败为胜的经历以及他的品质中，不能得到一些启迪吗？

许多人认为在他们与成功之间有一条无法逾越的鸿沟，其实这都是因为他们遭到一时的失败之后，就陷入了无止境的自责情绪当中，觉得自己永远也站不起来了，并从此对自己失去了信心。许多生命中的失败者，当他们放弃的时候，都不知道自己离成功其实已经近在咫尺了。

还有一些少年朋友心理承受力较差，一旦失败就会产生强烈的自我无能体验，轻易地就放弃了自我。

李莉在小学四年级的时候就参加了全国数学奥林匹克竞赛并获得了一等奖，是当时得奖选手中最小的一位，成为当时全校数一数二的人物。后来她还先后担任过班上的数学课代表、学习委员、班长等职务。特别是她还长期担

任着校广播员，多次做过市电视台青春节目的少年嘉宾主持。那时的她，是老师信任、同学羡慕、家长喜欢的风云人物，可以说是全班乃至全校的骄傲。

但是，当李莉升入初中以后，接连发生的几件事情却让她无地自容。首先，是第一次期中考试，以前同班几个同学的数学成绩竟然明显超过了自己。接下来的第一次班干部竞选，精心准备的李莉只担任了个小组长的职务。更让李莉难以忍受的是在学校广播站招聘播音员时，辅导员老师竟然以"你的成绩比以前有所下降，担任播音员可能会耽误学习"为理由拒绝了她的申请。进入中学后的一次次失利，让李莉感到自己非常失败，她开始情绪低落并羞于见人。在与心理老师进行心理咨询的过程中，她一再强调自己没有什么用，"我有时不知怎样面对以前的同学和老师，我害怕数学考试，每次看到别人的成绩比自己高，就觉得自己失败得很。"

刚进入中学的少年朋友需要重新认识自我，对自己进行重新的定位与评价，以一颗平常心来看待自己的优点与不足，给自己一个合理的期望值，有意识地培养自己健康的人格，以提高对新环境的适应能力。即使出现了不尽如人意的事情，也要全面、客观地分析自己的优点和不足，而不应完全否定自我。

7. 自我封闭

你有过这样的感受吗？在路上行走的时候即使看到陌生人的目光也会感到紧张；在校园里看见老师、同学的目光会感到不自然，觉得他们会知道自己的秘密；在班级里看见同学们的目光感到恐惧，感觉他们在议论自己，想要逃避；即使是在家里，都不敢面对爸爸、妈妈的目光。

乐乐小时候性格特别外向开朗，整天像只小鸟似的叽

叽叽喳喳讲个不停。家里来了客人她不但端茶送水，还给客人表演唱歌、跳舞、讲故事。邻居们都夸她是个"自来熟"。

可自从上了中学以后，乐乐渐渐变得不爱说话了，不但在学校里没有什么知心朋友，就是对自己的父母也是守口如瓶，难得讲心里话。日记本成了她最好的伙伴。她在日记本里写道："我不知道自己这是怎么了，越来越不像以前的我，越来越胆小怕事。今天中午，隔壁二班的张鹏来找我的同桌孙坤借篮球。张鹏是个很不错的小伙子，不但学习成绩好，还是区里百米短跑的冠军，是我最欣赏的那种类型。我非常非常想和他做朋友，可是每次见到他，就是不敢说话。今天他来找孙坤的时候不小心碰倒了我桌上的水杯，我竟然莫名其妙地向他发火，还把书扔到他脸上。他很生气，说我这个女人心眼太小，然后就气呼呼地走了。我想，我以后再也没有机会接近他了……很多人都说我以前的性格好，我也觉得自己变了，不再是以前的那个我了。"

其实，你想要和别人交往，也想要得到父母的关怀、朋友的友爱，可是自我封闭的你又怎么会敞开心扉与别人畅谈自己的心事呢？

小娟是初中一年级的女生，她感到自己与别人交往时总是浑身不自在。和老师、同学说话时感到很拘谨，放不开，担心说错话。与陌生人交往时，这种情况就更加严重，甚至心里还感到害怕，怕别人会对自己的态度不友好。

后来心理辅导老师了解到，小娟的父亲在她10岁那年就去世了。后来母亲又重新组织了家庭，她把大部分时间和精力都放在了处理新家庭的事务方面。小娟觉得自己受

70

了冷落，于是对继父总有一种排斥感。她认为继父做事犹豫不决，缺乏男子汉气概，而且总和她争夺母亲的爱。

小娟告诫自己要尽快地独立、成熟起来，为母亲分担困难，并且顶替那个"没有男子汉气概"的继父。"每次母亲带我去商场，看到自己喜欢的衣服或是好吃的东西，虽然心里很想要，但嘴上也不说。有时母亲问我要不要，我也违心地说不喜欢。后来，我就索性不与母亲逛街了，以免让她为难，自己也不开心。"

小娟努力地使自己在各个方面都表现得像一个成年人那样得体和完美，并且不允许自己出现一丝一毫的差错。在生活中她也极力减少社交行为，以免暴露自己的缺点，或是被别人看透自己的心理。这种自我封闭的"独立"生活并没有使小娟感到快乐，相反，越是远离人群，她就越感到孤独寂寞和自卑，越渴望得到别人的注意和重视。然而，一旦与人接触，她又产生强烈的排斥感和不安全感，怕让人瞧不起。

◎ 青少年的自我调控

自我调控包括了生理自控、心理自控和社会自控三个方面。生理自控是指对自己肢体的自我调控。包括动作灵活性、协调性等内容。心理自控是指对自己心理状态的自我调控，对自己个性心理特征的有意识的培养。包括情绪的自我调控、为了长远目的克服困难而做出的努力、自我人格的扬长避短。社会自控指的是在与他人的交往中对自己行为的自我调控。包含社交能力、耐挫折力的培养等。

在少年时期，青少年的行为主要受长辈或同伴的制约，其行为会因他人的评价而得到适当的调节；进入青春期后，青少年能够根据自己的思考和自我评价来调节自己的行为，包括调节自己的兴趣爱好和人生理想。自我监督和自我调节能力不断增

强。此时，他们对他人的"批评式"评价往往会有一种"逆反心理"，讨厌别人"指手画脚"而从内心或行动上加以拒绝。具体表现如下。

1. 管不住自己

初中阶段是一个自我意志力逐步发展并完善的阶段，可是由于这一阶段的少年活动能力也在快速地发展，因此经常表现为自制力不足。自制力的不足还会造成认知、情感和行为的不一致。

上学路上，遇到邻居哥哥，他说现在要带你去游戏厅玩，这时你会对自己说：……

上课时，老师正在前面讲课，窗外几个同学正在踢足球，这时你会对自己说：

语文课上，你的手不知不觉碰到了刚买的漫画书，这时你会对自己说：……

自习课，老师不在，面对许多同学在聊天，你会对自己说：……

公共汽车上，别人踩疼了你的脚，你很生气并想要发怒，这时你会对自己说：……

商店里，你看到自己喜爱的四驱车模型，准备让妈妈给买下时，你会对自己说：……

医生告诉你患了龋齿。叔叔来到你家并带来各种美味的糖果，面对叔叔带来的糖果，你会对自己说：……

作业没做完，精彩的动画片已经开始了，你想起身去看，这时你会对自己说：……

遇到上面这些或者是类似的情况时，你会试图克制自己的欲望、控制自己的情绪么？如果你做到了，那么你已经具备了一定的自我调控能力。

人们常说：少年的好奇心理最强。他们对于好看、好玩、

好听的东西特别感兴趣，从某种意义上说这是好事，但有时也面临着挑战。比如说，很多少年朋友都爱看动画片、武打片等等，虽然他们可以从中获取知识、培养丰富的想象力和思维的创造能力，但电视片里某些不健康的内容也时刻侵蚀着他们的心灵，如果缺乏辨别能力难免误入其中，导致错误的认识和行为。同时，如果自我控制和约束能力不强，长期沉迷于电视或网络甚至分不清虚幻和现实，就会影响正常的生活乃至荒废了学业。

小明被学校"留校察看"了！听到这个坏消息，爸爸妈妈几乎不敢相信自己的耳朵！平时又乖又听话的儿子怎么会被学校处分了呢？

小明是某重点中学的学生，家境比较清贫。上小学的时候，小明坚持不作弊，他的智力水平虽然属于中等，但是成绩还算突出。这是他平时比别人牺牲更多的娱乐时间所获得的成果。小明能考上重点中学也是花费了比别人更多的时间和精力的。

中学第一年下半学期期中考试结束后，小明的英语成绩不及格。老师宣布期末考试结束以后要按照总成绩分快慢班，成绩好的可以进全校的重点班。由于这所学校的快班很有名，中考经常是全市第一名，90%的学生都能直接升入重点高中。小明心想：这次期末考试一定要考好！可是英语成绩这么差，不是一天两天能够补上来的，怎么办呢？

不知从什么时候起，在同学中悄悄地流传开这样一句话："考试作弊，天经地义。"据说班上成绩靠后的同学，每次期末考试都准备作弊。作弊是考试中的大忌啊，小明心里真真切切地明白这个道理，但年幼无知的他受到了诱惑："如果坚持不作弊，同学的成绩自然比我高，尤其是英语会给自己落分，上重点班就没有希望了。如果作

弊侥幸得逞，上重点高中的机会就会很大，何况只有英语一门功课，而且英语考试作弊看起来比别的考试作弊容易很多呢！"

在诱惑面前小明没有抵挡住，并付诸实施了。

"虽然我知道作弊是不对的，但分数给我的压力和威胁太大了，还有老师也告诉我们这次考试很重要，关系到我们以后的升学、分班……" "当英语试卷发下来后，我赶紧提笔写起来，没做几道题，一个个'拦路虎'便出现了。怎么办呢？我紧张地反复问自己：'作弊么？不作弊。作弊么？不作弊。'这样念了几句以后不知怎么的就变成了：'不作弊么？作弊。不作弊么？作弊。'我紧张地环顾四周，看到监考老师没往我这边看，便小心翼翼地拿出事先垫在屁股下面的'单词表'。那一刻，我的心像揣了只兔子，怦怦直跳，我一边慌慌张张地抄，一边观察监考老师的动静，字写得张牙舞爪。答案还没抄完一半，不好，监考老师下来巡视了，我赶紧收起'行囊'，低着头假装继续做题，老师的脚步声越来越近，我也越来越紧张，不由得吓出一身冷汗。还好，老师没有发现，从我身边走了过去，我那一颗悬着的心这才落了地，紧张的心情也平静了许多……"

"就这样，我边考试，边作弊，还要时时观察着老师。可是时间却有些不够用了，于是我豁出去了，肆无忌惮地摊开书放在腿上抄了起来。我正在聚精会神地抄，突然，监考老师像变戏法似的出现在了我的面前。书'啪'的一声掉在了地上，我的一切阴谋都败露了……"

小明作弊的事情公开以后受到了学校严厉的惩罚，不但成绩作废没有升入重点班，档案袋里还多了一条"留校察看"的记

过处分。小明懊悔不已，他说："如果再给我一次选择的机会，我一定能够坚持自己的原则。学习要踏实，做人要诚实。这是我用惨痛的代价换来的启示。"

2. 过分地自我表现

中学生希望在他人面前充分显示自己的优势与特长，以获取他人对自己的关注与钦佩，树立威信，这本是无可厚非的。然而，有一些少年朋友过于注重别人对自己的评价了，他们希望时刻引起别人的注意并成为焦点人物，因而故意制造各种"动静"，利用各种机会表现自己，吸引别人的眼球，获得心理上的安全感。

2004年5月中旬，台湾媒体披露出一则惊人的消息：某中学有近20名学生集体割腕，动机竟然是为了"耍酷"！据报道，台北县柑园中学的两名学生为证明彼此有"义气"，于上月中旬约定同时用美工刀割伤手腕，然后再用相同的手帕包扎伤口作为标志。没想到，做出如此荒唐行为的两人竟被其他同学视为"英雄"，并群起效仿。有一个班级的11名学生，为了表现彼此之间的认同感，展现自己的强势以吸引其他人注意，下课后竟然集体在教室内依次割腕。直到校方发现并制止时，这所中学共有4个班级的17名学生竞相自残。

少年朋友听了之后不感觉震惊吗？当然，每个人都渴望得到别人的重视，不愿意被他人忽略；每个人都希望得到他人的尊重，不希望被人瞧不起。但很多中学生过分自我表现：他们不讲场合、不分时间、不辨对象地表现自我，结果不仅不能提高威信反而成为他人的笑料。

比如，上课调皮捣蛋、起哄，穿奇装异服、梳"鸡窝头"的男生，浓妆艳抹、打扮成熟"性感"的女生。他们试图通过这

样的表现来获得"与众不同"的感觉，引起老师和同学关注，寻求心理平衡。这就是有些"90后"崇尚的非主流。

什么是非主流呢？在他们看来，非主流就是张扬个性、另类、非大众化。火星文便是在"90后"非主流的追捧下而发扬光大的。"90后"女生喜欢用手机和视频摄像头给自己拍大头照。她们的招牌动作是瞪眼、嘟嘴、剪刀手，于是网络上全部是她们大眼撅嘴的"粉粉可爱照"。她们喜欢"卡哇伊"的东西，用"亲爱的"、"宝贝"、"乖"称呼自己或朋友。

社会上的不法商人趁机利用了少年朋友的这种"焦点"心理从中牟利，一些自我约束能力不强的少年朋友误入圈套并沉迷于此，有的荒废了学业，有的甚至酿成苦果。

王琳琳曾经是父母的骄傲。她聪明、好学，成绩在班

里名列前茅，年年被评为校"三好学生"。她还很漂亮，能歌善舞，是班里的文娱委员和学生会宣传部部长，多次获得学校歌咏比赛、演讲比赛一等奖。然而，王琳琳却不满足于仅仅在学校这个"小圈子"里得到重视，她希望成为世人瞩目的焦点。

一个傍晚，放学后路过小书摊，王琳琳被琳琅满目的书籍吸引，忍不住驻足看了起来。一本小小的册子跃入她的眼帘。那是一本星座书，书皮上写着"2003年幸运星座牧羊座 ——3月21日至4月19日生"。嗬！3月21日不就是自己的生日么？

"小朋友，买一本吧，这书特畅销！你是几月份生的？这书里能算出你每天的运气，你将来干什么工作，能不能考上大学，可准了！买一本吧？这套书共12本，几月份的都有，不贵，一本才9块8。怎么样？先瞧瞧！"摊主是一位个头儿不高的小伙子，他像是揣透了王琳琳的心思似的，边说边递过一本给她。

于是，王琳琳买下了那本"牧羊座"的小册子，第一次偷偷地看起了课外书。以前，她是从来不看课外书的，因为父母不许她看，她也没时间看。眼看就中考了，爸妈一再叮嘱她要用功学习，并说等中考完了之后爱怎么看就怎么看。可她实在禁不住这本小册子的诱惑，就把小册子放在代数书下面悄悄地看起来。越看，越觉得书中说得很准，尤其是"求学运与家庭运"、"事业与家庭"等章节，几乎和自己一模一样。书上说，"牧羊座"的人最适合成为明星或节目主持人。太对了！王琳琳禁不住在心里暗叹。当明星，这是多么美妙的职业啊！这就是我出人头地的好方法啊！

　　从此以后，王琳琳几乎像是变了个人。她不再那么爱学习了，一有时间，她就收集各种电影演员、歌星的资料。有人说她长得像"SHE"里面的Selina，于是，她便把Selina当成了她的偶像。凡是有关"SHE"的资料，她都剪了贴在大本子上，一有空就拿出来翻看。有时候，她甚至幻想着自己就是Selina。

　　王琳琳的变化，很快被家教极严的父母发现了。为此，爸爸吼、妈妈哭。可她却像着了魔似的，再也不是过去那个父母喜欢、老师夸奖的乖小孩了。再后来一次偶然的机会，她在街上遇见了一个自称是"星探"的人，便和他认识了。可那人却是个骗子，竟然以要看体形为名奸污了她，等她明白的时候已经造成了不可挽回的恶果。结果，王琳琳没有做成明星，却失身于一个骗子。她痛哭流涕，悔不该想成为什么明星、去相信什么"星座书"。然而一切都晚了。

"贱女孩"——包包和阿紫

　　遇到同样遭遇的网名"贱女孩"的包包和阿紫也是如此，她们是普通的职高女生，长得也不是很好看。父母只是机场的普通工作人员。她们上了职高后，发现这个世界有很多无法抵挡的诱惑。由于不想按照父母安排的方式去生活，她们还叛逆地从家里搬出来租房子住。她们遇到了心怀叵测的人，被胁迫出卖自己的身体……在警方的解救下，她们重获自由。她们在博客中写道："光鲜夺目的梦想停留在遥远的异处，伸出手触摸不及。而且我们追逐梦想用错了方式，卑劣的交易摧残了我们的身体……想想当

时的我们是多么的愚蠢。"

3. 过分地自我掩饰

在日常生活中，人们喜欢掩饰自己的弱点、劣势。这不仅可以增强自信，也给他人愉悦的美的感官享受。过分的自我掩饰则是出于担心别人窥探自己的内心活动，时时事事都想掩饰自己的真实想法和自己实际的行为动机，生怕别人了解自己不愿或尚未暴露的弱点。由于中学生自我意识的快速发展，自我控制能力的增强，他们常常会对自己的真实想法和体验加以掩饰。有的学生甚至为了取悦教师和家长，经常编造谎言，在待人接物的行为上常常畏畏缩缩，心理上则处于经常性的焦虑状态不能自拔。

自我掩饰心理往往与虚荣心有关，而虚荣心则是自尊心的过分表现，是为了取得荣誉和引起普遍注意而表现出来的一种不正常的社会情感。

中考结束之后的教师总结会上，三年级四班的班主任李老师不无遗憾地说："我们班杨阳同学，别看他没有考上高中，其实他是非常聪明的一个学生，就是平时太贪玩了。这个班上这么多考上重点高中的学生，没有一个能赶上他的聪明。他是不学，他要是学起来，这些学生谁都不如他，本来他可以考一个好学校的！唉……"

像杨阳这样聪明却贪玩的同学，每个班里都会有那么几个，给同学们留下很深的印象，让老师们为之惋惜，甚至多年不忘。

然而，这样的同学真的有那么聪明吗？我们来看看杨阳的真实情况。

确实，杨阳在上小学的时候比较聪明，成绩也很突出，还得过区里数学竞赛第一名。可是上了初二，增加了物理和化学两门功课以后，杨阳渐渐感觉学习起来有些吃力。光靠聪明已经无法应对沉重的学习任务和压力了。杨

阳不是针对自己的不足认真学习，却逃避自己课程的难点，想利用自己数学方面的优势，集中精力专攻数学。这样他的学习总成绩的确在班里领先了一段时间。再后来，杨阳发现这样的办法也不能维持住他是"最聪明的学生"的荣誉时，他使出了最后一招"杀手锏"：在大庭广众之下干脆不学了。人越多，大家越是集中精力学习的时候，杨阳就越是出洋相，一会儿给这个讲个笑话，一会儿趴在桌子上睡大觉，表现出一副满不在乎的样子。而在没有人的时候，他就偷偷地去用功学习，经常熬夜到深夜一两点。由于破坏了正常的作息规则，白天上课的时候，精力不足，注意力无法集中，晚上自习也没有效果。杨阳最终也没有办法提高学习成绩，结果没有考上高中。

就是为了能够听到大家说他是一位最聪明的学生，杨阳自以为聪明的做法真的很聪明吗？我想少年朋友不难得到正确的答案：放弃虚荣心，不要小聪明。按照学习规律，脚踏实地地认真学习每门功课，牢固地掌握知识，才是少年朋友最明智、最聪明的选择。

4. 我长大了

随着自我意识的觉醒，少年朋友们感到自己已经长大了，有一种强烈的成人感和独立感。在学习与生活上，我们要求独立自主，不受限制和约束，不再满足于书本上现成的结论。要求被人尊重的愿望比过去更为突出。同时不能忍受别人的误解，也不喜欢成年人用强制的口吻对他们发号施令。但是，由于青少年自身能力的限制与渴望理解和得到指导的需要，也时常盼望能听听长者的意见，在生活上又不能脱离爸爸、妈妈、同学以及老师的帮助和指导，特别是在自己遇到人生苦恼时更需要父母的帮助和指导。他们对他人的"批评式"评价往往会有一种逆反心理，并

怎么一叫你看书学习你就睡觉！？

把它当作指手画脚而从行动上或内心加以拒绝。

玲玲今年15岁，从小就很聪明也很听爸妈的话，可近来变化较大。凡事总爱与父母顶嘴，自作主张，有时还偏要同父母"反其道而行之"。例如，小学毕业，妈妈为她选择了就近的一所重点中学时，玲玲自己偏偏选了一所离家较远的中学，她不是喜欢路远，而是有意与妈妈闹别扭；玲玲患有鼻炎，妈妈配了用来滴鼻子的药水，她却有意把瓶子摔了；妈妈问玲玲考试成绩，她故意说自己不及格。一天，气候突然变冷，妈妈特意送去御寒的衣服，玲玲竟当着同学们的面把衣服扔在妈妈脸上；爸爸平时工作忙，周末想找机会跟玲玲聊天，她却把爸爸拒之于千里之外；上课老师提问，让玲玲背诵课文，她故意把电视上的广告词背出来；考试了，翻译诗词"老燕携雏弄语，有高柳鸣蝉相和"，玲玲翻译成："老燕子赵薇还要演还珠格格，连蝉都在反对"……

玲玲的这些行为到底是怎么回事呢？这和少年期的心理特

点有关系。12～15岁被称为少年时期的第二反抗期，又叫危险期。这个时期青少年的自我意识表现在要处处表现自己，通过自己的"另类"来体现"自我"；打扮得与别人不一样，做一些引人注目、与众不同的事，说一些令人吃惊的话等方面。同时，不少少年朋友不喜欢他人要求自己该怎么想、怎样做，有时难以承受父母或老师的谆谆教导，日益反感他人对自己在学业、交友等事务上的干涉，带着浓厚的"否定"观念和"逆反"倾向。有人调查，初中生对母亲唠叨的管束和父亲呆板的说教尤为反感。

这是由于此时的少年已经进入青春发育期，突出表现是他们逐渐有了成熟意识，但又社会经验不足。随着生理的逐渐成熟，少年认为自己已经是大人了，但心理上又摆脱不了儿童的幼稚行为，使少年产生了心理上的"自我不协调"，憎恨自己的软弱和无能，进而仇视长者的管束。表现为情绪急躁，有时非常自信，有时却非常自卑。有时会莫明其妙地向父母发脾气，我行我素，不愿意与大人商量，富于冲动和冒险性，用反抗的方式来探索自己的价值与力量。

有的青少年朋友缺乏正确的引导，不能顺利地度过这个危险期，给自己的人生旅途蒙上阴影。

初中三年级学生王立再有半年时间就要参加中考了，可是最近学校老师突然来家访，向王立的父母反映王立经常逃课，即使来上课也是昏昏沉沉的，不是"溜号"就是趴在桌子上睡觉，课堂提问常常答非所问，考试成绩排在班里倒数几名。王立的父母经过观察，在他的书包里发现了剩下的几枚游戏币和一张网吧的网卡。于是父母、老师轮流对其进行苦口婆心的劝阻。可是，王立就是听不进去，认为父母是老脑筋、老思想了，他说自己上网是为了适应现代社会的网络生活，要做一名"新新人类"。后来，王立干脆偷了家里的钱和几个"哥们"搬到外面去住

了。结果可想而知，他不但没有考上高中，而且因为抢劫盗窃被公安部门拘捕了。

独立性的发展本是青少年长大的必然趋势。许多同学不喜欢家长的嘱咐，常将小秘密锁进抽屉里；不愿父母打听自己接到的来信或电话等。过度独立具有危险性，正是由于拒绝成人的积极建议，排斥成人的善意劝告，有的中学生成为"失足少年"。

下面听听初三学生金金的心声。

我和父母不聊天。当然不是一句话都不说的。我平时回家后就写作业，写完了就看电视，然后洗脸睡觉。他们问我最多的就是学习情况。我特烦这个。我喜欢篮球，但是他们不懂，不喜欢听我讲篮球。他们说打篮球是没有出息的。我就不信，人家姚明怎么就红遍美国了呢？

有时候，我其实也挺想听听他们说的。有一天，我和好朋友吵架了，很郁闷，上课没好好听，把老师布置的作业给忘了。晚上回家，我想先问问同学作业是什么，然后问我妈，要是她和同事闹矛盾了怎么办。吃完晚饭，我用手机给同学发了个短信，问今天的作业。平时我不当着他们的面发短信，今天不知道怎么了没有刻意地回避，结果没想到我妈看到我发短信便大怒，说我肯定是发短信和同学聊什么篮球来着，让我把手机关了。我把手机关了，也没问我妈和同事闹矛盾了怎么办。那天晚上我特别烦，觉得自己和他们有代沟，简直没法沟通。从那以后他们说我什么我也不想听了，他们让我学习我就偏玩篮球去，他们也管不了我。

现在快中考了，我开始有一点儿后悔，因为玩篮球浪费了不少时间和精力。我挺想赶上来的，但是又不知道该从什么地方下手。

青少年自我意识的发展

　　金金的问题也许很多少年朋友都遇到过，那究竟应该怎样和父母沟通并获得他们的理解呢？我们每个人可以根据自己的不同情况选择不同的方式。辽宁鞍山一位初三女生姜畅选择了用书信的方式和自己的爸爸交流，不仅得到了爸爸的理解，而且增进了父女之间的感情。

　　亲爱的爸爸：

　　您好！

　　自从那次和您吵架以来，我已经快一周没和您说过话了，不是我太任性，也不是我难开口，而是我没有勇气向您承认我的错误。

　　记得那次期中考试，我的成绩并不理想，您着急了，动怒了，严厉地训斥了我一顿。然而叛逆的我并没有因考试的失利而埋头于书海，而是采用了另一种方式来对抗您。我疯狂地看电视、玩游戏、看漫画、与同学逛街，全然不顾您苦口婆心的教导。对于我的"叛逆"，您没有批评我，而是心平气和地找我谈话，想了解我的学习情况，而我却欺骗了您。我告诉您我的学习还能跟上，并没有您想象中的那样差。当时，您并没有说什么。我自以为是地想，我的谎言骗过了您，但当您午夜下班回家时，却发现我依然在看电视，您怒不可遏，一气之下打了我。这是我从小到大第一次挨打。当泪水淌过我那火热的脸颊时，心突然有了一种被灼痛的感觉。我手捂着被您打过的脸，对您大吼，说您不了解我，您只是把我当做学习的机器，我没有自由，您根本不爱我，那一晚我哭了一整夜。

　　当我第二天起来时，您已经去上班了。妈妈对我说，那一晚您一直也没睡，只是一根接一根地抽着烟，一直在说您以后再也不会打我了。妈妈说其实您早就知道我在骗

您，而您一直没有揭穿我，您了解自己的女儿，知道揭穿我以后，我那倔脾气一定会做出傻事。妈妈还说您一直很爱我，关心我，可您只是不善于表达。悔恨的泪水冲出了眼眶。是啊！您一直都很了解我，可我呢？却从来没有试着去了解您！我认为自己是天上的风筝，在天空中自由地飞翔，而您就好比线，总在牵引我，阻碍我。我想把线剪掉，脱离了您，也就拥有了自由。可我忘记了，没有线的风筝怎能飞上天，没有线的牵引，风筝怎能在天空飞翔，它的最终结果必将是坠落在地。我不想做没有线的风筝，我想在天空飞翔，在您的牵引下飞向成功的彼岸，您可否原谅已知错的女儿，您可否将线重新系在我身上。让我为您送上一句迟到的父亲节问候。爸爸，女儿永远爱您。

您的女儿　姜畅

2003年6月22日

　　青少年朋友，读着姜畅写给父亲的感情真挚、坦诚的书信，有什么想法？对一些想和父母沟通，又羞于启齿，想躲避第一次面对面谈话的尴尬，用书信沟通，不是一种好办法吗？

5. 苦恼的丘比特

　　初二一名女生在妈妈逼迫下将一名男生给她写的信交给了老师。从此，她十分自责，经常做噩梦，并且不敢抬头看同学和老师，学习成绩受到极大的影响，不知该怎么办。

　　初三一名女生心中有"小秘密"，原来她喜欢上了班上一位男生，坚持每天给他打电话，否则就会像丢了魂一样，对方一直处于不咸不淡的状态。于是她就告诉好朋友，不料却被好朋友当作笑话在全班传开了，为此她感到懊恼不已，在全班同学面前都抬不起头，以至于影响到学

习，最近的一次大考就考得很差。

还有一名初二男生是班里的学习尖子，又是班长。有一个女孩给他写信说喜欢他。他看到信以后，心跳加速，脸发烧，心里非常矛盾，感觉精神压力很大，吃饭、睡觉、走路、上课都想着这件事。平时，这个女孩子找他说话，他也很紧张，总觉得背后有人议论他们。为此，他非常苦恼，不知如何是好。

你是否也曾经遇到过类似的苦恼和困惑呢？假如这些事情发生在你的身上，你会怎么做呢？谈到中学时期的异性交往，我们首先要给"异性交往"下个定义。也就是说，是"一般性"的交往，还是"谈恋爱"。

如果是"一般性"的交往，我们认为在一定范围内是可以允许的。这个范围主要是要符合异性交往的三个原则：①尽量参加团体约会。所谓"团体约会"，就是社团、班级、学校组织的或几个人自发的共同活动。②不固定对象。不产生"互属感"，大家一起做朋友。③言行公开。彼此间没有不可让第三者知道的"悄悄话"。

相反，如果是"谈恋爱"，则是不适宜的，而且应该避免。

我们都知道，异性交往的情感如果正常发展下去，应该是通过恋爱步入婚姻殿堂。但青少年时期所交的异性朋友，言婚姻则太早，恋爱谈下去则耗时太长，等到适婚的年龄至少要将近漫漫十余年。这十余年期间的变化不是你我能够预料的，很可能由于上学、就业，天南地北，你东我西，早已不在一起了。少年时期这一段感情，不是付诸东流，就是空留回忆。

另外，由于年少纯真、心智不成熟，少年异性交往容易情绪化、极端化，一旦出轨往往酿成无可挽回的恶果。这方面的例子比比皆是。

因此，我们实在不应该提早种下爱情的种子，张开爱情的

翅膀，给自己的心理留下不可磨灭的阴影。

当然，人是有情感的，尤其十几岁的少年朋友生理上与心理上正处于情感丰富、"情窦初开"、"情怀如诗"的年龄，对于异性或多或少有着新奇感与倾慕之心，因此即使我们很谨慎地控制着自己，也不可能完全避免"爱慕之情"的产生。那么如果你发现自己不小心喜欢上了某个人，而且无法克制自己的情感，这个时候又应该怎么办呢？

下面是一位女生的日记，上面记录了她与一个男生交往的故事，我想会对同学们有所启发的。

谢谢你，男孩

一不小心，就翻到了昨天的日记，它记录了一段并不很长的心路历程。回回头，仿佛那个梳着刘海的小女孩天真地站在昨天，情怀淡淡如最初的玫瑰……

那年我刚好15岁，正在准备中考。我是个喜欢读书的女孩，稍微有点懒散，但各科成绩不错，常常坐在教室附近的那棵树下看书。

只是有一天，我的日记里一个男孩子的形象开始日渐清晰，而且一天比一天丰满起来。他是我后排的男孩，个子高高的，一双眼睛深邃而明亮。他的成绩很好，开朗而率直，喜欢和每一个同学谈天说地。越是心仪的东西越不敢靠近，我总是装作漠然的样子，看着别的女孩儿处心积虑地接近他，但小小的心中还是溢满了惴惴不安。

若他可以阅我心语，若他可以赏我妙笔……带着剪不断、理还乱的心绪，我不断地发掘着自己，因为我心中的直觉告诉我，只有出色的女孩儿才可以和他并肩站在灿烂的阳光下。我希望像他吸引我一样，有一天他也会因为

我所侧目。少年情怀总是诗。就这样到了期末，奇迹出现了：一向不很用功的我成绩直线上升，报刊上也有我的随笔。只有我知道，这是因为那一份纯纯的向往在导引和激励着自己。

接下去的日子看上去似乎没有什么变化，依然有繁忙的功课、争先恐后的成绩，但也多了一个女孩和一个男孩的谈天说地……直到他转学。

面对素洁的信笺，他写道"一句永不能对你说出的话，成了一粒种子，在我心中长出一个春天。就让我们在同一时刻、不同的地方，送给彼此一份同样的祝福：爱拼才会赢。"

很感谢那个男孩子。因为他的优秀，我默默追赶；因为他的鼓励，我知道了什么是爱的馈赠。

谢谢你，男孩！

6. "网络海洛因"

中国互联网络信息中心发布统计报告显示,截至2008年6月,中国的网民总数为2.53亿人,其中18岁以下的网民占19.6%,18～24岁的网民占30.3%,网民平均上网时间为每周19小时。该报告显示,网络已经介入到相当一部分青少年的生活、学习和工作之中了。"网瘾"也称为"互联网成瘾综合征"，主要表现是上网时间长且难以自控，形成非理性的依赖，正常的学习、工作、生活受到严重影响，有时虽能意识到问题的严重性但仍在失控地继续。有研究表明，目前我国上网的未成年人数量达到1680万左右。在上网的人群中"互联网成瘾综合征"的比例约为6%，在青少年中这个数字更是高达14%。在这样的环境中,青少年的心理发展势必将会受到影响。

青少年"网瘾"现象被称为"网络海洛因"，也是影响青

少年成长的重要因素。迷恋网络的青少年，也有求助心理咨询的，他们往往都知道迷恋网络的害处，却又无法控制自己，老想往网吧跑。

摆摊卖烧烤的国家特级厨师黄师傅说起16岁的儿子，"气就不打一处来"。儿子学画画，妻子又没了工作，黄师傅不得已在正常工作之外卖起了烧烤。凌晨，黄师傅又是最后一个收摊，一脸疲惫，长时间站立导致腿部静脉曲张，而此时儿子黄鑫刚关掉遥控器，上床睡觉。

儿子泡网吧不写作业，黄师傅也发过狠，用铁链把儿子捆在房子里一整天。他的苦口婆心也把孩子感动得眼泪哗哗的，但过后儿子依然我行我素。在儿子保证的作息表上，黄师傅的批语是"黄鑫不可能做到啊，纸上谈兵"，末尾一连5个感叹号。

青少年思维比较活跃，追求反叛，常常有意无意地以自己的方式发现和检验外在的价值信条，但是他们缺乏分辨价值体系的内在客观标准，在多元价值冲突的时候最容易迷失自我，从而无法明确自己的人生目标。

他人是自己的一面镜子，通过和他人的有效互动能够帮助青少年"以人为鉴"，从而更好地认识自己的优劣和长短。对于青少年来说，网络就是人际交往的试验场。在试验场里人们可以自由自在并且异常快捷地参加任何一个组织，可以终日在各个虚拟的社交场所中游走。每参加一个组织或到一个社交场所，青少年都会不可避免地接触到该组织或场所背后多元化的价值观。

"选择自己的江湖角色，体验江湖拼杀，还可以自己做黑帮老大，带领很多手下，与其他成百上千的强盗一起为争夺地位和生存而战斗。如果玩得好，还可以成为闻名的教父。然后你的权力啊、金钱啊都有了，还可以借这些去开赌场、去赌博，甚至连买卖毒品可能都有。"

这是少年译杰对"网络黑帮"游戏的一段描述。16岁的他沉迷此类游戏近一年，并且在游戏过程中，受邀加入一个所谓的"网络黑帮"下设的分堂。

"刚加入这个帮派，我突然觉得自己一下能干了很多，做什么都有了底气，和其他朋友一块，我还炫耀自己的行径，有很多朋友还投来美慕的眼光。当然也有朋友劝诫我，怕有危险，那时我还嘲笑他们懦弱，胆小怕事。我们这个分堂有二十几个人，一般我们都约好在周末聚会，通过网上专门的群号联系，有时也会在网吧或是溜冰场汇合，然后讨论帮派的发展，要是有兄弟被欺负了，会有其他弟兄去帮忙摆平。帮里还要求我们每个人定期缴费，说是会费。"

由于父母的及时干预，译杰选择了退帮，但他从此不敢随

便出门，理由是"害怕帮派会对他执行帮规"。由于这种心理已经导致他的某些行为异常，译杰的父母带着他向心理医生寻求帮助。青春期的孩子容易敌对，人格又不成熟，缺乏自我判断的意识。像译杰的情况并非个案，青少年对于此类问题往往在生活中认同感获得较少。网络上的暴力场景，极易诱发青少年内心深处的攻击本能，由于自控能力弱，在观看某些外部动作时某些青少年就会模仿，进而很容易在现实中仿效虚拟世界，诱发犯罪。

网络中他人行为善恶交杂，每个人都成了一个没有执照的电视台，任何内容都可以在网上传播。因此网络中既闪烁着人性的光辉，也充斥着大量的色情、诈骗以及暴力等内容，这些内容使得网络成为一个"花花世界"。在这样一个花花世界中流连的青少年，很可能就会对他人的认识产生严重的偏差。

网络的自由给青少年的角色扮演提供了机会，可以让他们根据心情或需要在网上随心所欲地设定自己的身份。他们可以扮成蜘蛛侠去行侠仗义，也可以扮成地狱怪兽到处去破坏。形象的改变让初尝网络的人感到很刺激，于是他们便在新的身份中充分张扬自己的想象力。

小刘是黄浦区某中学初一的男学生，他参加的QQ群有9个。从班级、学校的群到泡泡堂、魔兽群，还有足球社等群。"群多就说明朋友多，现在只要下午在群里招呼一声，明天的活动就没问题。"小刘的手机可以上移动QQ，十几个小时不离线。

除了QQ，各类网络游戏也是青少年建立各类群和贴吧的主要因素。要进入这样的群体，火星文读写流利成了首要条件。一记者在申请加入一个名为"古惑仔"的QQ群时，申请了3次都未被群主认证通过，直到经过13岁的表妹指点，才用她书写的火星文接上了群主的暗号，顺利进入该群。

在群里和各类贴吧中，成员的发言多是针对学校繁重功课、"麻烦"老师、"啰唆"家长，抱怨言语居多，甚至有诅咒，以此来相互安慰。成员中60%的人在线时间都长达6个小时，从下午5时持续到夜里11时左右。

人们对网络中的自己进行加工和创造，可以美化和掩饰，即使是熟人之间，如果没有明显的辨析线索，也难以分辨出来；如果青少年长期沉溺于网络中的角色扮演，则容易产生自我信息整合的困难，以至于难以形成真正真实的自我形象。

弗洛伊德认为人的我由本我、自我和超我构成。超我和本我是自我意识中的重要组成部分，其中超我（良心）代表的是社会的价值和标准。在一个正常发展的人的身上，超我对能做和不能做的事有很多的限制。然而到了虚拟的网络中这些限制则会相对地弱化，超我在网络中变成了侏儒。本我则恰恰与超我的情形相反。本我与满足个人的欲望有关，它不受物理的和社会的约束，必须被自我意识的其他部分所限制。网络的虚拟性使得超我弱化了，这样超我也就会失去对本我的限制作用，本我得以无限地膨胀。超我和本我这一力量对比的变化，必然会危及个人的自我意识，使他们陷入自我发展的矛盾状态之中。

青少年朋友知道了自己的自我意识发展正在经历着怎样的变化，一定想了解是什么样的因素使自我意识发生并发展的吧！让我们一起来探索一下青少年自我意识发展的动因。

影响青少年自我意识发展的因素

　　个体自我意识的形成和发展需要经过一个漫长的发展过程：

　　婴儿时开始能够认识自己身体的各个部位，并学会用"我"这个词来表达自己的意愿与要求，如"这是我的帽帽"；

　　幼儿时能够意识到自己是游戏活动的主体，并能对自己的某些具体行为进行评价；

　　上小学时自我意识的范围扩大，开始认识到自己是班级、学校、社会的一员，是学习、活动的主体。

自我意识的培养

影响青少年自我意识发展的因素主要包括生理因素、家庭因素、学校因素、伙伴因素和社会文化因素等许多方面。这里重点向青少年朋友谈谈其中的几个方面。

◎ 自身的发育与成长
——自我发展的原动力

1. 身体的发育，长大了

青少年朋友正处于身体生长发育高峰的青春期，身高体重剧增，性成熟开始。生理上这些急剧的变化使儿童开始意识到自己不再是小孩子，出现了"成人感"。

2. 新的心理能力，看自己

在身体迅速发育的同时，少年朋友获得了一种新的思维能力——反思能力。这是能够对自己的心理过程和内心活动加以分析、评定的思维能力。有了这种思维能力，青少年就可以把自身作为思考的对象，把自己的心理活动清晰地呈现在思维的屏幕上，按照内化了的社会化标准，像分解每个具体动作那样审视自己的个性特点、道德品行和情绪状态。良好的自我监督、自我评价和自我体验就是在不断自我反省和与社会标准的对比中形成的。同样不良的自我评价也是在不断反思中发展起来的。有研究表明：

与普通中学生相比，未成年犯对自己的行为、智力与学校情况及合群性等都感到非常不满意。在行为方面,他们感到自己的行为非常不得当。主要表现在: 认为"我给家里带来麻烦"的占92%，"在学校我表现不好"的占78%。智力与学校情况方面，未成年犯在学习上会遇到更多的麻烦($P<0.01$),例如:"我的学校作业做得不好"的占92%，"对大多数事我不发表意见"的占75%，"我讨厌学校"的占60%。在合群性方面,他们没有更多的同伴关系,例如"我害羞"的占64%，"在学校里同学们认为我没有好主意"的占62%，"我很难交到朋友"的占38%。

如果个体评价自己是有能力的、重要的、成功的、有价值的,就会产生恰当的自尊;如果个体评价自己过低,则会自轻自贱。自我意识较低的青少年的自控能力较低,遇到问题很容易情绪激动紧张,不知所措,容易激怒、发脾气,从而做出的选择和对事物的认识自然也是不正确的。

3. 行路跌倒，路不平

不论学习方面是成功还是失败，都有必要进一步去分析成

自我意识的培养

功或失败的原因，也就是归因。所谓归因是指人们在行为过程中所进行的因果解释和推论，它对青少年的自我意识有着极大的影响。

根据维纳的归因理论，对于学生的学业成绩，其归因方式可分为四类：能力、努力、任务难度和运气。能力的高低属于内部稳定的不可控因素；努力程度属于内部不稳定的可控因素；任务难易属于外部稳定的可控因素；运气好坏属于外部不稳定的不可控因素。

在学业上，如果我们将成功归因于能力强和努力的结果，而将失败归因于没有付出努力，这就是积极的归因方式，对个体的成就状况有积极的促进作用。因为，将成功归因于能力强会使个体产生自豪的体验，强化对未来成功的期待；将失败归因于努力不够，会使个体坚信成功可以通过努力获得，建立对未来成功的信心，并激发其内在的学习动机。而将失败归因于运气差、缺乏能力等其他情景因素则是消极的归因方式。因为，将失败归因于缺乏能力会使个体产生自卑和羞耻的情感体验，对未来成功缺乏信心，忽视努力在成功中的作用，面对困难、挫折和失败缺乏坚持性。

比如：初一年级学生因为一道方程式解错了，他可以有两种归因方法，一种是他认为这道题是奥数竞赛题目，做不出来也是正常，说明自己的水平还没有达到这种程度，下面要继续努力。这种归因方式就是一种积极的归因方式，是客观地看待问题，并不把问题扩大化，清楚地认识自己的水平和客观事物的难度。这样的归因可以对学生的自尊心有所保护，产生积极的行为。另一种评价是"我怎么这么笨呢，这道题目也做不出来，学了这么长时间的数学连这样的题目也做不对，真是太惭愧了"。这就是消极的归因方式，不仅有碍学生的自我认识和评价，还会造成挫败感，使自信心受损。经常用消极的归因方式评价自

己会产生自卑心理，长时间的运用这种方式归因，学生会认为自己没用，大大地打消对事物的兴趣和积极性，同时对自我效能感降低。

另外一个同学的案例也说明了归因对于青少年自我意识发展的影响。

小青自述：从小学到中学，我的学习成绩都特别好，经常受到老师的表扬，连邻居们都夸我。高考后，我被一所重点大学录取。刚进大学时，我还信心十足，为自己设计好了美好的人生蓝图。但是，在强手如林的重点大学，我没有了以前的优势。尽管我学习很刻苦，可成绩最好时也只是班上的中等水平，这对已经习惯优秀的我是难以接受的。于是，我为自己拟定了"重新回到顶峰"的计划，除了吃饭、睡觉以外，我把大多数时间都用到了学习上。每晚不是看楼的老师催促，我绝不离开自习室。

可是我下的这番苦功并没让我如愿以偿，我的成绩几乎没什么进展。看着身边那些轻轻松松就取得好成绩的同学，我心里很难过。为什么会这样？渐渐地，我对自己没有了信心，开始怀疑自己的能力。在一次次的失败后，我在心里对自己说"或许我真的不是学习的料"，我甚至有了退学的想法。

如果经受的失败太多或长期的努力得不到回报，就会影响学习者的信心，使学生认为自己的能力不足，即使自己再用功，也无法把学习成绩提高上去，于是就放弃了努力。从心理学的归因理论角度分析，把学习的失败归因于缺乏能力，是一种消极的归因方式，不利于学生的学习。

小青把学业失败归因于缺乏能力，因而失去对学习的信心，造成后来学习成绩上不去的恶性循环，甚至有了退学的念

头。实际上，根据小青在小学和中学时的出色表现，根本不存在能力的问题，导致她学习成绩不佳的真正原因可能在于她的学习习惯和方法存在着问题，而这些问题又都是可以改进的，不是"不可控制的因素"。也就是说，完全可以通过改变自己的学习习惯和方法来提高学习成绩，除非其不愿意做任何努力了。

◎ 家庭

——自我发展的印记

1. 上行下效

父母是儿童早期认同的对象，儿童以父母作为自己的榜样。榜样在儿童性格的形成中具有无穷的力量，儿童的年龄越小，这种力量越大。他们会以家长的所作所为来评价自己与他人，并且借此逐渐形成自己的态度和行为习惯。如果父母的价值

观、人生观、生活态度是错误的或混乱的，势必会影响孩子自我意识的形成。

胡适母亲的言传身教

胡适是我国近代著名的文人。在文坛上有一定的影响。他的母亲冯顺弟从16岁开始做后母，守寡后又成了当家后母。在那个并不宽裕的封建大家庭里，生活需要很大的勇气和智慧。胡适评价他母亲：冯顺弟气量大，性子好，待人仁慈温和，做了后娘后婆后更是事事留心，格外容忍，从来没有一句伤人感情的话；但又有刚气，不受一点人格上的侮辱。

冯顺弟这个农村半文盲妇女，虽然不能传授胡适救国救民的道德大意，但是她的言传身教，培养了冷眼旁观的胡适的好脾气和自尊心，使他学会了接人待物的和气和宽恕、体谅。这平和、稳重的人格使胡适受益终生。

如此身教

一位初一学生评价自己的父亲："我父亲对我很好，但我看不起他。他是单位的办公室主任，找他的人自然很多。每当局长或其他当官的来了，他总是笑容满面，热情接待；而如果是一般人来求他办事，他则跷起二郎腿打官腔，或者爱理不理地冷落别人……爸爸这样的两副面孔实在让我看不惯！"

2. 家长的教养方式

父母与子女之间开放的交流和民主的气氛有利于青少年正确认识自我，对有关自我的发展进行思索，自主地选择自我的发

展道路。

当青少年朋友在考试不利或是失败时家长要维护他们的自尊心，因为在失败时自我效能感较低，也是自我评价较低的时候，家长要帮助孩子重拾信心，与孩子共同分析和正确地认识问题产生的原因，并找出改进的方法。

相反，父母对子女过于溺爱或滥用权威都不利于青少年自我意识的形成。过于溺爱的父母事事都替子女做出安排，不给孩子进行自我探索的机会。一味地在孩子的精神需要、物质需要上给予满足而没有教会孩子如何体会别人的需要，不断地增强孩子的霸道行为和没有尽头的欲望，最终使孩子与周围的社会环境有了冲突，甚至导致犯罪行为的产生。

有一些青少年其家长因工作繁忙或常年在异地工作而无法照顾子女，还有一些同学在父母离异后便被交给爷爷奶奶照看，于是这些隔代的老年人就成了孩子的"保护伞"。

爷爷奶奶——我的"保护伞"

俗话说"隔辈亲"，张松就是由爷爷、奶奶、姥姥、姥爷四位老人从小带大的。由于是家里唯一的男孩，老人们对他十分疼爱，关怀备至，百依百顺。在家里，无论什么事情都是张松说了算，只要是他提出的要求，不管是合理的还是不合理的，都能得到满足。后来，张松考进一所寄宿学校。在生活上，他没有一点自理能力；在学校里，他专横霸道，经常欺负其他同学。老师请家长来谈话，爷爷、奶奶就争着替他"护短"。结果，他越来越盛气凌人、不可一世，成了学校里的"小霸王"，最后因为将别的同学头部打破而被责令退了学。

而过于严厉的父母可能会使孩子屈从自己的意愿，这两种

情况都不利于青少年自我意识的建立。如果父母期望过高，会给孩子带来心理上的压力，使孩子感觉"我无论如何也无法成为他们所期望的那样的人"，并且在任务失败的情况下会有很大的挫败感，对正确的自我认识形成偏差。孩子不能很好地认识自我，不知道自己的所作所为是对还是错，也不清楚自己现在的做法是不是合理的，会减弱应有的判断能力，这个儿童就会以令人吃惊的方式抵抗社会环境。

残缺不全的家庭会给孩子心理上和感情上造成一定的缺憾，孩子会没有安全感。不和谐的家庭生活环境会在孩子心灵上留下难以磨灭的伤痕并造成心理问题。一些家长整日奔波于自己的事业或是自己的生活圈子，对孩子不管不顾，非常不利于青少年积极的自我意识的形成。

我被忽视了

我一直很向往有个像《成长的烦恼》里面一样的心理医生老爸，没事的时候能够陪我一起疯，有事的时候能够跟我聊天谈心。但是我的父亲就是那种很传统的中国父亲，只管家里的生杀大权，从来不管他认为鸡毛蒜皮的小事情。在他的眼里，买房子、买车子、工作赚钱都是大事情，烧菜洗衣、陪我玩、开家长会都是小事情。

我觉得这样太不公平了，虽然中国人都说男主外、女主内。但是，妈妈也是上班一族，朝九晚五很辛苦，还要照顾我和爸爸。爸爸有时候回来得比妈妈还早，却还是一屁股坐在沙发上看电视。我觉得这不仅仅是对妈妈不公平，对我也不公平。记得有一次家长会妈妈没空参加，我就找爸爸，爸爸抛下一句"这种事情大男人去，太傻了"就走开了。害得那次我被老师批评，我很恨他。

现在周末休假，基本上就是三口人傻坐在电视机前狂看无聊的电视剧。我试过好多次跟爸爸说，带我们出去走走吧，他每次的回答不是太累就是太忙，要不就是等会儿再说。要爸爸跟我说上几句话就更困难了。因此，我现在基本上不和他交流了。

在学校，我没什么朋友。因为我跟他们谈不到一起去。他们总时不时谈起自己的爸爸带他们去什么地方玩，每当这时我就很自卑、很难过，有几次甚至还偷偷哭了。我觉得自己是有父亲、没父爱。

我现在还没有工作，我不知道大人的世界究竟有多么的忙碌，但我看到在《成长的烦恼》里，爸爸会为了妈妈而放弃事业照顾孩子，爸爸还会为了孩子抽出时间来和他们聊天，陪他们玩，我好羡慕。

父母离异会威胁到青春期少年的安全感和自信心，也会影响到他们的人际关系和人际交往，包括与朋友的交往以及对异性关系的看法，进一步会影响到将来与异性的交往和对婚姻的态度。一些少年朋友由于父亲或母亲去世等家庭变故，丧失了之前被溺爱的优越，产生了失落、自卑和焦虑的情绪。自我认知错位，分不清对与错，产生敌视家庭和社会的倾向。

我没有爸爸、妈妈

学生冯冲是个单亲家庭孩子，父亲是上门女婿，冯冲随母姓。冯冲的母亲生病去世后，家中经济大权转移到姥姥手中，姥姥对孙儿疼爱倍至，但无力管教。后来姥姥去世前又把房产转到冯冲名下，冯冲依仗自己是遗产的继承人，吵闹时竟要求父亲"滚出家门"。他总是与调皮捣蛋的孩子混在一起，经常发生矛盾，不是他把别人打伤，就

是别人把他弄伤。班集体活动时，他常常擅自行动，还常常迟到、旷课，不完成家庭作业，学习成绩很差。

家庭成员间的暴力现象有夫妻双方间的争吵和打斗、父亲虐待母亲或子女、母亲虐待子女等等。无论哪一种暴力行为都会促使少年儿童形成不良的自我意识和不良性格。在充满家庭暴力的环境中长大的孩子可能会形成自卑、孤僻、退缩的性格，缺乏安全感，或产生焦虑、抑郁等不良情绪，严重的会出现自毁行为。还有一些孩子则可能表现出某种暴力行为，而这种行为将可能成为他们宣泄情绪和解决问题的唯一方法，导致长大后出现暴力倾向。

他们总吵架

14岁的小强出生在一个不幸福的家庭里，父母感情不和，经常是两天一小吵三天一大打，有的时候母亲会说"你再吵我就去死"之类的话，父亲会经常离家出走很久都不回来。后来小强上了小学，他的父母发现，只要事情稍不如意，小强就会说"我要去死"，"我去自杀"之类的话，甚至还会说出来用什么方法去死。如今在中学里，小强不仅喜欢搞破坏和捣乱，平时还欺负女同学，他甚至对老师说："老子我本来就是坏人，你最好别惹我！"

3. 家境的困窘与富裕

家庭经济条件贫困，可能会造成少年儿童缺乏学习所必需的物质和营养，影响学生的学业和身心发展，容易产生自卑感；而过于优裕的家境条件，又容易使孩子滋生起养尊处优的心理。过于优裕的家庭只有对子女的生活条件给予必要的节制，才能使孩子正确地认识自我，发展健全的人格。

寒门子弟与富家子弟的冲突

小王和小李是小学同学，升入初中以后又是同桌，这种缘分非但没使两个人成为挚友，却使得两人的关系一直很紧张，经常争吵，最近一次甚至动手打了起来。这到底是为什么呢？

原来，小王的家庭经济状况不好，在他幼年的时候，父亲就因绝症过世了。因为给父亲治病用光了家里的所有积蓄，而且背上了外债。小王的母亲是个要强的女人，她早年丧夫，把所有的希望都寄托在自己的儿子身上，希望儿子能够出人头地。小王的母亲是个肯吃苦的人，然而，在市场经济的大潮中，她不幸下岗了。虽如此，为了自己的儿子，她坚持在外打工贴补家用。由于种种家庭原因使得小王虽然学习刻苦但从小性格内向，不喜言谈。

小李则出生于富裕之家，父母都是大公司的董事长。小李从小就是家里的小少爷，一直都是"饭来张口、衣来伸手"，没有吃过任何苦头。他甚至在学校里经常对别人指手画脚、发号施令，瞧不起穷人家出身的同学。小王由于家境贫寒，很是节俭。一次，为了省钱，小王将用过的笔记本中剩下的空白页装订在一起当成新本子来用，小李却对此十分不解。第二天他拿了几个漂亮的新笔记本扔在小王面前说是送给他的，让他不要老是舍不得买新本子。这件事使得小王认为小李在有意侮辱自己，就将所有的笔记本一股脑扔到小李脸上。这下小李可火了，他觉得小王实在是不识抬举，于是两个人扭打在一起。

小王和小李虽生活在截然不同的家境之中，却都形成了不良的自我认知，小王由于家境贫寒自卑而敏感，而小李则是因家

境富裕而自视其高，目中无人，自我感觉良好。

◎ 学校
——自我发展的"镜子"

　　自我意识除了受自身和家庭的影响之外，还受到学校的影响。美国社会学家库利曾在一本书中提出了一个"镜中我"理论，即"人的行为在很大程度上取决于对自我的认识，而这种认识主要是通过与他人的社会互动形成的。他人对自己的评价、态度等等，是反映'自我'的一面'镜子'，个人透过这面'镜子'认识和把握自己"。"不识庐山真面目，只缘身在此山中"，一个人仅凭自己的感知很难全面、客观地认识自我，通过借助别人对自己的态度和评价，看看自己在别人心目中的形象，并且与自己相对照，才能形成全面、客观、正确的自我认知。

　　期末考试结束后，班主任李老师给每位同学发了一个白皮的小本子。周文把这个小本本摊开，发现里面不仅记录自己平时、期中以及期末的考试成绩，在后面的备注栏里还有李老师对自己这一个学期的评语。上面写道："该生本学期进步较大。学习目的明确、态度端正，成绩优良。尊敬师长，团结同学，在同学中享有较高的威信。希望今后能够更加积极地参与班集体活动，协助老师管理班级事务，在学习上也更上一层楼。"

　　周文看了这些评语，心里美滋滋的。他发现下面还有一项自我评定的空白栏，便在里面填上了："这学期我能够努力学习，积极上进。课堂认真听讲、课后按时完成作业。在老师和同学的帮助下取得了一定的进步。以后我将戒骄戒躁，做一名德、智、体全面发展的合格中学生。"

　　新学期开始了。周文积极报名参加了班干部改选并担

任了数学课代表。他协助老师收发作业，自愿帮助成绩较差的同学补习数学。另外，他还带头组织了班里的数学竞赛。同学们都夸奖他是一名称职的班干部。周文开心地笑了。

在学校里，我们可能都收到过这样的小本本。它是老师对每位同学在学校表现的概括评价。许多少年朋友正是通过这些评语认识到自己存在哪些优点和不足，形成了自我认知，并在今后的活动中朝着老师期望的方向努力，不断地自我完善。

1. 教师——社会标尺

在学校的学习生活中，青少年朋友随着年龄的增长，他们在与周围人，尤其是比较重要的人的交往中，逐渐把他人的判断内化为自己的判断，这时候个体依据自己的想象，按照他人的观点来看待自己。随着时间的推移，自我意识慢慢地脱离他人的评价，成为自律的标准而发挥作用。这时候，青少年渴望追求自己的价值与地位，对忽视自己和不重视自己的人没有好感，而采取回避和疏远的态度；反之，对肯定自己的人则主动去接近他们。

教师的评价最容易给学生带来积极或消极的影响。比如：在学校，教师请同学回答问题时，回答结束后教师对学生的评价要以鼓励和表扬为主。往往得到好评的学生比被批评的学生的自尊心、自信心要强，同时对自我监督有着很大的帮助。若是老师在同学犯错时，把同学的错误放大，一味地去追究责任、批评和惩罚，忽略了与青少年真挚的沟通，叛逆或是自尊心受损的青少年就会有种"破罐子破摔"的想法，从而有了恶性循环，在行为上对教师和学校都产生了敌视，很容易走上犯罪的道路。因为，受到评价的过程是一种自我体验的形成过程，所以教师在对青少年做评价时一定要慎重，不可打击学生的积极性和自尊心。

有一名叫力仔的男孩从初中二年级开始和一群"古惑

仔"混在一起。他说他小学毕业考了班上前10名，攒足了劲要在初中好好读书，可几次考试都考得一塌糊涂。数学老师在班会上当着全班同学的面嘲笑他，让他觉得世界上所有的人都看不起他。力仔后来告诉采访他的记者："我读书别人瞧不起，我就打架给你们看看！"

相比之下，黄沙一中的小云就幸运多了。小云从小就很爱打扮，上了中学以后经常出入迪厅，成绩又不好，父母经常打她。每挨一次打，她就在床板上刻一道印子，发誓长大后一定要报复。

老师发现小云的情绪很不稳定，便主动找小云聊天，并分配让她做了班里的小组长。小云受到老师的器重很高兴，主动承担了班级的很多活动。老师得知小云经常挨打，就几次三番到她家里劝解父母，随着小云学习成绩的提高，父母对她的态度也越来越好。后来小云参加了区里的演讲比赛，取得了第一名的好成绩。上台领奖时，她激动地说："是班主任老师帮助我重新树立起对自己的信心，让我认识到自己是个有用的人！"

2. 同伴——参照系

同伴也是影响青少年自我意识发展的重要因素。

随着年龄的增加，青少年接触的同伴越来越多，他们逐渐学会了把自己与同学的观点区分开并协调起来，进一步发展了自我认识。同时班集体作为青少年人际交往的社会背景，分享着共同的价值观，并形成青少年个体的归属感，如衣服、音乐和朋友的选择等。同伴对于青少年自我意识的影响也可能起到消极的作用，如在不良的团体中，青少年可能习得不良的价值观和行为方式，这也是家长对青少年朋友交友干预的原因。

小佳，初中一年级女学生。升入中学一个多月了，从不多与人讲话，不得已讲话时，也不敢直视他人的眼睛，像做了亏心事。一说话脸就发烧，低头盯住脚尖。她最怕接触男生，只要有男生走近，她就会全身发抖，不知所措。她也害怕老师，上课时，只要老师把视线转移到她这边，她就低头不敢看黑板。

细心的班主任老师发现了这些症状，主动找她谈话。经过老师的启发，小佳终于说出了自己的心里话。她一直认为自己是性格内向、胆小、非常害羞的人。之所以不愿与班上同学接触，是因为觉得别人讨厌自己，在别人眼中自己是个"怪人"。

老师了解到这些情况之后，带着小佳找到两位平时离她座位很近的女生，征求她们对小佳的看法。一位同学说她"是有些腼腆"，但认为这是她的性格表现，并不以为然；另一位同学说根本没觉察到她有什么"脸红"、"发抖"之类的"不自然"表现，非常奇怪她为什么有那么多的"感觉"。

听了两位同学的评价，小佳觉得很吃惊，她开始认为"可能我在她们面前是没有自己想象的那么不自然，那么

狼狈"。但她仍然坚信男生们对自己有偏见并讨厌自己。于是老师又征求了几位男同学的意见。结果发现男生对她的普遍评价是"文静、端庄、矜持，只是觉得像一位'骄傲的公主'，但并没发现她有什么异常，更不讨厌她"。当小佳得知这些情况之后，信心大增，从此变得越来越活泼开朗了。

同学的帮助也可以极大地改善个体的自我意识。同龄人之间更好交流，有共同的话题可以聊。如果有一个热心、能够理解别人的人和你聊聊天，很多问题都可以得到解决。

初中三年级学生小黄，曾经因抑郁、孤僻而中途退学。后来在同学和老师的帮助下重返校园。他说："其实性格孤僻的学生，内心更渴望和别人交流，只是我们没有找到倾诉的对象。即使老师和家长愿意倾听，我们也不一定愿意说，毕竟有些涉及隐私的'小秘密'是不能告诉他们的，否则以后会很尴尬。"

学校是青少年人际交往最主要的途径。如果青少年在家庭中，尤其是在学校集体中找不到归属感，他们就会向校外寻找这种归属感，结果很容易被一些流氓小团伙拉下水，从而选择消极同一性。

◎ 社会
——自我发展的背景

1. 榜样与偶像

社会文化环境是青少年心理发展的前提与背景，他们的思想意识和价值观念都源于所处的背景文化。青少年对环境是非常敏感的，可以说青少年是社会变化的指示器。一个社会的主流文

化是积极昂扬的还是消极颓废的，在一定程度上决定一代青少年的主导心境。现在的青少年终日处在充斥海量信息的网络世界之中，接收着来自世界各地的风俗文化，以及最前卫的流行元素。他们会向往所看到的异国风土人情，更会崇拜在风口浪尖的时尚明星。

现在社会把当前的青少年称为"90后"，有人归纳出"90后"的共同特征：

（1）平均智商超过了以前的同龄人，好奇心强、接受新生事物能力强；

（2）很多人都有一技之长；

（3）自信又脆弱，敏感而自私；

（4）往往具有成年人很难理解的古怪爱好；

（5）内心世界：从童年就开始变"老"，更加懂得成人世界的规则；

（6）比较了解中国社会的主流思想和价值观，且价值观更加现实；

（7）市场消费观念强烈，但名利作用被过分强化；

（8）张扬个性，相对比较缺乏团队忠诚感；

（9）具有网络时代的广阔视野，信息和知识丰富，但内心有时较为空虚。

"90后"的偏差如下：

（1）很多孩子存在学习焦虑：他们生活在激烈的竞争压力下，学习成为他们唯一的生活内容，也成为焦虑的来源。他们经常处于"学习好看不到必然的结果，学习不好又必然会有不好的结果"的矛盾之中。

（2）自私且承受挫折能力弱："90后"大多数是独生子女，有些孩子会不自觉地流露出自私的一面，做事往往只考虑自己不考虑别人；承受挫折的能力相对较弱，甚至遇到不大的事情也会有很大的情绪反应，采取过激的行为。

（3）嫉妒心比较强：有些学生嫉妒心比较强，看不惯别人比他(她)强，"我没有的别人不能有"，不允许别人比自己"拽"，否则他们就会搞些小动作，甚至会想方设法让你"拽不起来"。

（4）有强烈的反叛意识：许多"90后"学生有自己的观点，敢于反抗，对父辈、学校一些不甚合理的说法和规定敢于质疑，语言的创新性更强。这是这一代人的显著特点，但是有些时候他们的反叛意识也会出现偏差。一旦在学校遭遇意外事件，比如说偶然的停水、停电，有些学生(包括平时比较老实的学生)便会通过起哄、制造混乱来宣泄心中的情绪。

（5）极力表现与众不同：一部分学生在学业上无法做到出类拔萃时，会选择其他各种方式获得心理满足。比如说，上课调皮捣蛋、起哄，穿奇装异服，试图通过这样的表现来获得"与众不同"的感觉，引起老师和同学的关注，寻求心理平衡。看看大街上的青少年，已经有部分男生戴着耳环、打着耳洞、染了发，有些女生刻意模仿自己喜欢的日韩明星的穿着打扮。

（6）对网络十分依赖：青少年网瘾被称为"网络海洛因"，也是影响青少年成长的重要因素。迷恋网络的孩子，也有求助心理咨询的，他们往往都知道迷恋网络的害处，却又无法控制自己。

这些"新新人类"代表着一种追求和一种认同，他们的这种追求和认同称为青少年的"集体同一性"。从青少年的"集体同一性"中，我们可以推断一个社会的兴奋点，反之，我们也可以说一个社会的兴奋点决定了该社会中青少年的"集体同一性"。

社会文化对青少年自我意识的发展有积极的也有消极的影响，在青少年自我意识形成的关键时期，应提倡积极向上的社会文化或是健康的人文精神，给青少年在社会中树立正确积极的模仿榜样。青少年对自己未来将成为一个什么样的人不是完全的凭

空臆想，他们在心中一般会有一个值得效仿的对象。有时他们对心中偶像的向往大大超出了人们设想的程度。如果社会能为青少年朋友提供一些他们认为值得效仿的成人榜样，就可以借此引导青少年去学习、模仿，使青少年为成为他们所尊崇的对象而努力。相反，如果社会中没有这样有吸引力和说服力的榜样，而有的只是被过度炒作得令人眩晕的明星，又有什么理由去指责青少年追星呢？

追星的代价

一些社会风气，如拜金思想、物质攀比等的社会潮流也会影响青少年的自我意识。

一位"有幸"与刘德华握了一次手的少女，为了保持手上的"荣誉"，声称整整一个月没洗过这只手；一位少女在上海第三届国际电视节期间，冲进童安格下榻的上海锦江饭店，又哭又闹要见童安格，那伤心劲儿简直催人泪下。

中学生刘某的卧室四周墙壁及天花板上全是一位电视明星的画像。坐着的、站着的、斜躺着的，正面的、侧面的，特写照、生活照、艺术照……凡是能搜罗到的，几乎尽在其间。猛地走进这间屋子，会使人误以为进入了这位明星的"个人展览馆"。更有趣的是，他建立了一本这位明星的"档案"。如果有谁和他谈起这位明星，他立刻如数家珍地讲述起她的出生年月、祖籍、生肖星座、身高体重、主要经历、代表影片等等，其语言表达之精彩，逻辑之清晰，委实让人大吃一惊。他还会热情地摊开一本精装的笔记本，小心翼翼地找出这位明星的签名，并饱含深情地说："她在我的心中是一颗永远不倒的巨星天后！"

青春期的少男少女们开始睁大眼睛观察社会、他人和自

我，并在周围世界中寻找自我、捕捉自我，描绘自我的理想形象。我们每个人的心中都有一个完美无缺的自我形象，这个形象驱使我们不断奋斗、追求，而我们恰好可以从偶像身上找到这个"理想自我"的影子，找到现实生活中可望而不可即的一切。

如果我们能以明星为目标，在追求和赶超的过程中提升自己的能力和品格，那么这样的追星行为是积极可取的，也是值得提倡的。然而在一股又一股的追星热潮中，很多青少年朋友表现出了盲目趋同和从众心理，缺乏自主意识。由于不能正确认识自己，他们常常面临着理想自我与现实自我的割裂。在他们的心目中，未来的自我形象是完美无缺的，可现实中的自己与之相距甚远，于是"未来自我"就会自然地转换为现实中的"自我偶像"。他们把偶像作为自己的精神依托，整天想偶像、学偶像，使自己生活在幻想的世界中，其结果必然是在无情的现实面前惨遭失败和遗弃。

其实，我们每个人都有自己独特的思想和性格，没有必要把属于自己的身心与感情全部托付给另一个人，逃避现实，始终生活在他人的影子里，以至完全迷失了自我。与其盲目地崇拜明星，我们何不努力奋斗，丰富自己的内涵，让自己成才，去成为别人眼中的"明星"呢？

这里还有一则"追星"惨剧，希望能借以警醒那些正在追星或即将成为"追星一族"的青少年朋友们。

2002年2月24日，浙江温州有一位17岁的初中生小张因没钱见赵薇并和她"交朋友"，竟服毒走上绝路，经抢救无效离开人世。

2月19日，温州火车站保安员苏某在车站第一候车室值勤时，发现一名中学生模样的青少年突然口吐白沫，全身抽搐，便立即将他送往附近医院抢救。20日晚，温州市中西医结合医院急诊室里，这名青少年躺在病床上不停地

抽搐，身上所穿的衣服和皮鞋都是崭新的，随身物品仅有：6个平安符，5张赵薇的照片，2张分别为烟台—青岛、青岛—日照的客车票以及一份遗书。在他的左手掌心里有用圆珠笔写着的"赵薇，您成全我吧"的字样。医院值班室一名医生说，患者因喝下含有机磷的农药，导致神志不清，呼吸十分微弱，可能会有生命危险。

经过医护人员的全力抢救，直到20日晚11时左右，捧着赵薇照片走上绝路的服毒少年终于苏醒了，醒后他的第一句话竟是："我爱赵薇。"

该少年为辽宁省人，姓张，只有17岁，是一名初中二年级学生。他用十分微弱的声音告诉护士，他好几年前就已"爱上赵薇"了。平时除了买些有关赵薇的画像、杂志等聊以"解渴"外，因为家庭困难，却从没有亲眼见过赵薇或看过她开的演唱会等。正月初六，他跟家人不辞而别，带了300元钱，只身来到温州，准备找份工作攒些钱，以使自己以后能够有机会去看赵薇，跟赵薇"交个朋友"。不料刚到温州火车站，口袋里的钱已经花光，一时想不开，竟然服毒。

24日凌晨，这位仅苏醒了8个小时的追星少年，因病情突变，最终还是"捧"着自己喜欢的"赵薇"，离开了人世。

2. 等待成长

除了倡导积极向上的价值观，为青少年成长提供好的社会榜样外，对于成长中的青少年要有民主的环境和包容的气氛。我们的社会如何期待青少年的成长决定了我们所给予青少年什么样的成长环境和成长气氛。对于下一代，上一代人的普遍和永恒的反应倾向是不满与逼迫，对于这一点，艾里克森"心理延缓偿付"的观点对我们或许会有所启示。

艾里克森将青少年期称为心理延缓偿付期（moratorium）。心理延缓偿付是允许还没有准备好承担义务的人有一段拖延的时期，或者强迫某些人给予自己一些时间。青少年可以利用这一段时间，思考各种人生观、价值观，在对比和选择中建立自己的人生观、价值观，确定自己将来的职业，最终确立自我同一性。

艾里克森建议青少年拿出一段时间——"如果有钱，去欧洲旅行；如果没钱，就在国内转转。暂离学校，找一份工作；暂离工作去上学，休息一下，闻一闻玫瑰花香，以此达到自我了解"（C.George Boeree,1997）。艾里克森认为这一段时间对青少年的健康成长是有意义的，成人社会不能过高地要求他们，不要以成人的思想和标准去逼迫他们，给青少年一段时间，一个发展的空间，允许他们有一些看似"荒唐"的行为，给他们选择的可能性，他们仍然需要"游戏"。

自我意识的培养

毕业后给我一年自由

　　这是德国高中生最流行的话题。毕业了不是急着选大学，急着去实习，而是给自己一年时间的自由，利用这段美好时光去实现自己的梦想。去非洲品味原始的荒凉，去澳洲感受牛仔的狂野，或者去奥法尔茨森林享受和小野猫在一起的生活；到智利小镇去照顾贫苦的孤儿，到泰国当一名游泳教练或跟大象一起工作……此类异国风情十足的工作，让德国的年轻一代无比兴奋。与此同时，他们对自己的要求也在不断提高：去做一些有意义的事，去寻找真正的自己，去学一门新的语言，去为自己的人生旅程奠定基石，去尝试一次冒险——如果可能的话，就把所有的事情经历一遍。

　　仅2008年一年，德国就有约1万名青年志愿者在第三世界国家参与了当地的发展援助项目；有1.6万名德国青年飞往澳大利亚参加"在旅途中工作"的活动；另有2.5万名毕业生为了学习一门语言而去各个国家打工游学；更有成千上万的实习生、兼职工作者和语言学习者在陌生的国度开始了新生活。

　　总而言之，青少年的自我意识像其他心理发展一样受到多种因素的影响，是这些诸多因素共同作用于每个青少年和青少年所在的集体，塑造了青少年的自我意识，也就是你们不断探索和寻找的"我"。

完善自我

　　相信通过前面的内容介绍，大家已经了解到了自我意识的相关知识，弄清了什么是自我意识、自我意识的构成及形成原因。那么，我们如何运用心理学中的自我意识的科学知识，认识自我、完善自我——使自己心理健康地成长和发展，进而充分地挖掘、自身所具有的潜能，完善自己的人格呢？这是我们编著这本（套）书的宗旨，也是我们青少年朋友最关心、最期望了解的问题吧！就让我们一起借着心理科学的翅膀，翱翔在"自我王国"的殿堂里吧！

◎ 完善自我认知

　　青少年朋友们，在你们的心中一定都有着一幅美丽的画面，那就是希望自己更优秀一些，在人群中更出类拔萃一些。你真的了解自己吗？怎样才能使自己更加完美、完善，更加优秀呢？这也许正是你或者他正在思考的问题吧！看完后面的内容，希望我们能在人群中看见一个最特别、最优秀的你！

1. 美化物质自我

　　睁开眼睛、擦干净镜子，在镜子里你看到了什么？首先看到了自己的五官、身材、服装等等方面，这就是物质自我，即自己的容貌、风度、健康等状况。

　　常言道："女大十八变"。女孩到了青春发育的花

季，就会变得亭亭玉立、美丽动人。但是，小美却认为自己不是这样。的确，她与常人相比是有不同之处：身高不到1.5米，而体重却接近50千克。她的体形失去了标准女性"三围"比例的曲线美。她的四肢和面部虽然没有什么缺陷，但是脸上长了不少青春痘。为了清除脸上的青春痘，她每天都面对着镜子用手指在面部挤压。遗憾的是，这样做不仅没有除掉青春痘，反而留下一些不太美观的疤痕。这使她感到自惭形秽、低人一等。为此，她常常暗自流泪，埋怨父母为什么要生她……

何止是小美，这世界上还有许许多多的少男少女朋友们在为自己的体形不理想而烦恼不已。我们不妨对自己不满意的体形做一点"加工改造"。比如经常跑步、游泳、仰卧起坐等简单易行的体育锻炼，以使自己的身体发育更充分并消除多余的脂肪，使体形更协调。这样既达到健体强身的目的，也使青少年朋友的躯体充满青春活力。"一日之计在于晨"，利用早上的时间跑跑步，不仅可以保持良好的体形，也能保持精力充沛。让我们欣赏一下健康的刘爷爷：

刘爷爷已经是快65岁的人了，可干起活来好些年轻人都比不上他。刘爷爷怎么练就这样的好身板？刘爷爷说："我从十几岁的时候就开始每天早上起来跑步，5点起床，去公园里跑，都坚持了快50年了。"

"爱美之心人皆有之"，但外表的美丽并不是我们生活的全部。青少年朋友，如果我们能拿出更多的自信和客观的审美标准来看待自己的外表、长相，不断丰富自己的内涵，那才是最美丽的你。就像下面故事中的丹丹。

丹丹已经是高中二年级的一名学生了，功课越来越多，越来越难了，可丹丹脸上从来都挂着微笑，同学们都喜欢她。谁能够知道，丹丹其实是一名聋哑人，硬是和正

常孩子一样从小学读到现在，其中的困难可想而知。丹丹从来不会因为自己体能的缺陷而悲观、痛苦，她积极参加丰富多样的文体活动，游泳、滑冰、玩电脑、打羽毛球样样都不比同学差，同学们说："我们不觉得她和我们有什么不同，我们交流起来挺容易，她特爱笑，我们总爱去她家玩！"

爱美之心人皆有之，青少年朋友，那就行动起来外塑体态、内修气质吧，你一定会长得越来越美丽（帅气）的！

2. 完善社会自我

青少年朋友们，你是班级里的小干部吗？同学们对你又有什么样的评价？你经常得到老师的表扬和父母的夸奖吗？青少年朋友们，我们生活在社会中，就自然会接受到来自学校、家庭和社会对自己的评价，这就是社会自我。社会自我指由自己在社会活动中的地位、名誉、财产及与他人的相互关系构成的自我。即认识自己在团体中的地位、角色、与他人的关系等，是个体自我的中心部分。

小杨终于如愿以偿地升入当地的一所重点中学。开学都一个多月了，可是小杨过得并不愉快，最初的兴奋劲头早就没有了，有的只是沮丧和暗自抹眼泪。原来，小杨在初中时成绩总是名列前茅，还是校学生会的副主席，无论在班级还是在学校都是各项活动的积极分子。可是，进入高中后他却发现班上的同学过去都有这样那样的"辉煌"历史，自己过去的荣誉根本算不上什么，在学习上的优势也不复再现，而且在新集体班委的竞选中竟然失利。在小杨的眼中，班级人际关系冷漠，暗地里的竞争很激烈，同学之间彼此很难真心交流，自己怎么也融不进集体中去，因而对新的班级和新的同学没有任何好感。与刚得知自己

自我意识的培养

考上重点高中时的愉快心情相比，现在的心情简直是糟糕透了。

你有过小杨这样的经历和困惑吗？其实这种情况我们每个人一生之中都会遇到不少次。请回想一下：自己因为搬家，换了新的幼儿园，在陌生的环境中，看到其他小朋友玩得很开心，没有人和自己玩，是不是感觉很孤单呢；自己曾是幼儿园里的小明星，可是到了小学，自己却掉了队；在小学时，自己是老师得心应手的小帮手，可到了中学，自己却好像英雄无用武之地了。

（1）校正自我

人生如舞台，场景转换是正常的。我们要学会在新的人际背景下认识自己，调整自我。

一个人在社会活动中的地位、名誉有了变化，这样的经历对我们每个人来说都是不可避免的，由于多种原因，比如小学时和升入中学后的同学群体变了，我们个体在新的团体中的地位会有变化。我们不会永远生活在掌声和鲜花中，我们要学会在不同的人际背景下认识自己的相对位置，调整自我，主动结交新朋友，尽快融入新集体中去，在与不同新同学、新老师的互动过程中认识自己、取长补短，使自己更加完善。

（2）主动结交新朋友

青少年朋友，你有没有过这样的经历、困惑呢？在同学中没有朋友，也体会不到学习与生活的快乐……如果我们长时间感觉孤独，不仅苦恼难耐，也容易产生对生活冷漠、对他人不满甚至愤世嫉俗等消极的心理感受。其实正值豆蔻年华的少男少女体验到孤独并不可怕，这正是自我意识觉醒的一种表现。但是如果你最终不能从孤独中走出来，总是一味地回避社会，最后便可能把自己隔绝起来，得不到成长所需的信息和情感支持，并为此而感到深深的苦恼。

也许你并非不想理别人，只是不知道说什么才好，或担心

别人会不理你。没关系，先从每天早上见面做起。如果你每天都能以亲切的微笑来面对你的同学和朋友，并不计较别人是否主动，是否也对你点头，坚持几天你看看会有什么结果？日本心理学家箱崎总一说："对别人亲切，正是免除自己本身孤独的第一步。"如果你再能设法找到一些共同的话题，或者主动向别人请教问题，僵局就很容易打破了。

另外，要想有朋友，就不能光想着自己，总把"我"放在嘴边的人会招人反感。如果和别人交往时，你不懂得尊重别人，老是随便打断人家的话，或是总像玫瑰花枝一样，说话带"刺"，让人下不来台，或像个好斗的公鸡一样，随时乍着翅膀，总想和人争个高低，处处显得你正确，恐怕朋友和友谊也会离你而去。

因此，摆脱孤独，要从自己做起。我们不妨这样做：

幽它一默，同时伸出热情的手，主动帮助别人，对人真诚，要守信用，不失信于人。多为集体、同学服务，宽容大度，善解人意，乐于助人，常和同学在一起聊聊天，向朋友敞开心扉。青少年朋友们，有了这些，快乐必将永远陪伴在你的身边！让我们通过体味下面的寓言故事来寻找快乐！

何为天堂与地狱？

据说，有一个天真的小孩子不知天堂和地狱为何物，便去请教一位哲学家。哲学家把孩子领到一个很大很深的池子旁。小孩子看到，池子旁坐着一群瘦骨嶙峋的老人，老人们用很长的勺子在池中舀汤喝，从汤中吸取营养以维持生命。哲学家告诉孩子：这便是地狱。紧接着，孩子又跟随哲学家来到另一个地方。同样的池子，同样的营养液，同样的勺子，不同的是，在池子旁边舀汤喝的老人们

个个红光满面、神采飞扬。哲学家说，这里是天堂。同样的池子、同样的营养液，但天堂与地狱里的人精神状态竟有天壤之别，原因何在呢？

原来，地狱里的人老死不相往来，他们用很长的勺子舀汤，给自己喝，费时费力，营养不足，精神疲惫。天堂里的情况则相反，人们舀汤给对面的人喝，省时又省力，营养充分，身体健康。

这虽是一个寓言故事，但是却非常形象地说出了一个道理：无论身居何处，"人人为我，我为人人"的人际关系使人精神愉悦，让人犹如置身天堂。反之只为自己着想，则是自立篱笆，如陷地狱之中。

我们谁也不愿意生活在"地狱"里，我们要用自己的双手来创造美好的天堂。人际交往其实就是物质和精神的互惠。青少年朋友们，我们都希望获得他人的认可和关爱，而想要别人喜欢自己，先要真诚地喜欢别人；要被别人了解，就需要与别人真诚地交流、沟通，表露自己的想法、表达对他人的信任。这样，我们就会生活在宽松和谐的人际关系之中。

3. 优化精神自我

精神自我也称为心理自我，是指由自己的智慧能力、道德水准等内在心理素质构成的自我。包括对自己的智慧、能力和道德水平等方面的正确评价。例如，对是非、好坏、善恶等道德行为的认识评价，对自己和别人的道德行为所引起的内心体验，即道德情感的评价，以及通过言谈、举止表现出来的道德行为观念。

霞是初中三年级的学生，最近经常头痛，两次测验都没考好，每天都学习到很晚，人家用半个小时记住的东西，自己一个小时也记不住，同学都笑话她反应迟钝。霞在学习时脑子里总想一些与学习无关的事：怕父母不满意

她的成绩，怕别的同学笑话她，怕老师不喜欢她。"学习不好，大家都对我失去信心怎么办？"霞在家里只是哭，甚至不想上学了。

青少年朋友们，你可能也会遇到有关自己的智慧能力、道德水准等方面的苦恼……其实我们每个人都是一个独特的个体，在智力水平、思维方式等方面都会存在着很大的个体差异，关键是我们如何面对现实、面对自身的情况，给自己找到一个合适的定位。"不做最好，要做更好"，对自己充满信心，充满希望，时刻提醒自己：我能行，我会战胜一切困难，我有光明的未来。只要付出努力，就一定会有进步和收获。

如果青少年朋友想想提高自己的精神自我，即智慧能力、道德水准等，那么学识的积累是重要的途径，学识改变气质。

4. 悦纳自我

"金无足赤，人无完人"，人人都有自己的长处与短处，青少年朋友也不例外。因此，青少年朋友要学会全面正确地看待和分析自己，要通过发展自己的优势来弥补不足，在充分发挥自己的长处基础上求得全面发展。只有悦纳自我，才会有更精彩的人生！

那么，怎样悦纳自我呢？从字面上看似很简单，就是高兴、喜悦地接纳自己。悦纳自我首先要接纳自己、喜欢自己、欣赏自己，体会自我的独特性，在此基础上体验价值感、幸福感、愉快感与满足感；其次是理智与客观地对待自己的长处与不足，冷静地看待得与失。悦纳自我是一种心理状态，有些人虽有生理缺陷，但很乐观地喜欢自己；有些人五官端正，相貌堂堂，但却不喜欢自己；有些人并不富裕，却知足常乐；有些人有钱有势，却并不快乐。古代有一位皇帝问一位哲学家，究竟谁是世界上最快乐、最幸福的人？哲学家回答说："自己认为最快乐、最幸福的人，他就是一个最快乐、最幸福的人。"

其实，生活中的每一个人都有自己的优点，也都有自己的弱点。但有的人发现自己的弱点和缺陷之后，就当作包袱背起来，老是挂在心头，连自己的优点和长处也看不到了。马克思很欣赏这句谚语："你所以感到巨人高不可攀，只是因为你跪着。"在这一点上台湾著名艺人凌峰为我们树立了榜样。

其貌不扬的台湾著名艺人凌峰称得上是悦纳自我的典范了。他说世界上有两种人：一种人是乍一看很好看，再看看也不过如此；另一种人是乍一看不好看，但是越看越好看，越看越有"味道"。他说自己属于后一种。凌峰对自己不够出色的生理自我愉快地接纳，因而他能充满自信地担任起节目主持人这个角色，并且利用自身丰富的文化积累，把主持人工作做得十分出色，受到大众的喜爱和欢迎。人们看到凌峰出场，谁都不会说："瞧他多丑呀！"而总是说：他真有两下子，把节目主持得这么活泼。

如果为自己长得不好看而发愁，那你只会越来越丑；老是怀疑自己学习能不能搞上去，你只能忍受失败的煎熬。和美女去比，你的五官永远有缺陷。但每个人都以自己独立的个体而存在，你只能以自己的方式去生活。你有你的特长，你有睿智的头脑，善解人意的情怀，你若发挥自己的长处，施展自己的才华，你那双不大的小眼睛就会被看作是智慧的象征。

你可能知道"白天鹅"的故事。当一只天鹅掠过长空，那洁白的羽毛、端庄的体态使人们赞叹不已。可是，在丹麦童话作家安徒生的笔下，这只美丽的天鹅，原先却是一只"丑小鸭"。当它刚刚破壳而出的时候，生得很瘦小，那些自以为是的鸭子根本瞧不起它。它默默地、日复一日地坚持训练自己，最后终于在一个早晨振翼飞向蓝天。

古往今来，有多少功名显赫的名人激起人们的羡慕、钦佩。当这些人站在大家面前时，人们会感到他们浑身上下散发着

125

人格魅力。可是，他们并非都是幸运儿。了解他们每个人的经历，几乎都有过"丑小鸭"的坎坷经历。他们善于扬长避短，甚至知耻而后勇，从而铸就了不屈奋斗的个性。如下面故事中的美国参议员艾摩·汤姆斯。

美国参议员艾摩·汤姆斯16岁时，长得很高，但很瘦弱，别的小男孩都喊他"瘦竹竿"。他每一天、每一小时都在为自己那高瘦羸弱的身材发愁。后来的一次演讲比赛使他发生了大的转变。在母亲的鼓励下，他花了很多工夫进行演讲准备，他把讲稿全部背出来，然后对着牛羊和树木练了不下100遍，终于得了第一名。听众向他欢呼，让那些讥笑他的那些男孩羡慕不已。从此，他的信心大增，逐步走进成功的大门。他在回忆往事时说："想当初，当我穿着父亲的旧衣服，以及那双几乎要脱落的大鞋子时，那种烦恼、羞怯、自卑几乎毁了我。"

认识了自我，更要愉快地接受自我。悦纳自我是人类智慧的表现，只要敢于突破自己那颗脆弱的心，拿出行动，你就能超越自我。"丑小鸭"就会变成世界上最美丽、最有活力、最有价值的白天鹅。

◎ 客观地评价自我

1. 找到真我

"人贵有自知之明"，正确的自我认知既有自己的认识与评价，也有他人的评价。我们不妨认真仔细地想一想，用尽量多的形容词描述自己，要忠实于自己的内心。在此基础上，进行第二步——他人对"我"的描述。描述父母眼中的我、同学眼中的我、老师眼中的我、恋人眼中的我、兄弟姐妹眼中的我，你再寻找这些描述中共同的品质，将其归类。你描述的维度越多，你越

会找到比较正确的自我。

例：这是一位大二学生的自我描述：

我是一个内向、坚强、上进、自信、有理想、懂事、好学、乐于助人、疾恶如仇、争强好胜、渴望成功与优秀、有一点自私、妒忌心强、自制力弱、说些小谎的大学男生。

在父母眼中：我是一个懂事、有些害羞、不用父母操心、上进的、不乱花钱、有些懒惰的大男孩；

在兄弟姐妹眼中（只有一个妹妹）：我是妹妹心中可以依靠与信赖的大哥，是一个诚实守信、爱护妹妹的好哥哥；

在同学眼中：我是一个大方、乐于助人、受人尊敬、好人缘、有些懒散、追求自由的人；

在老师眼中：我是一个默默无闻、成绩优秀、自律、品学兼优的学生；

在恋人眼中：我是一个懂得爱、有责任感、守时守信、有幽默感、坚强的好男人。

这是一个学生的自我描述，也是自我认知的一部分。当自己将这些描述清晰地整理出来时，你可以与你的同学与家人、朋友、恋人沟通，听取他们对你的自我评价的认同度，这也是自我过滤的过程。先将自己的优点列出并得到大家的认同，再写出自己的弱点，请大家帮助分析，这个澄清的过程也是自我认识不断深化的过程。

让我们先看看阿光的自我评价：

高大帅气的阿光经过三年的奋斗终于考上了自己心仪已久的重点中学，可开学一个月后他就失去了最初的兴奋。

阿光知道自己考上重点高中的时候，只高兴了一刹那，因为他觉得自己配不上这所学校。他担心：我念不下

127

去怎么办？内心的惶恐与不安与日俱增。这所重点中学里的一切新奇事物对他来说都是压力，压得他喘不过气来，好想逃开这一切！他认为一流初中的学生，才配念一流的高中；二流初中的学生，只能念二流的高中。自己念的初中不好，因此觉得配不上这所重点学校。

这又是怎么回事呢？原来阿光从小就觉得自己什么都做不好，什么都不如别人。他害怕失败、害怕被批评，在他的内心深处就认为自己是个很笨的人，就只能上个一般的学校……

我想是他的自我评价出了问题。

自我评价就是回答"我怎么样"的问题。如果自我评价高于自己的实际水平，就会骄傲自满、故步自封；而如果一个人的自我评价远远低于自己的实际水平，总是贬低自己，认为自己不行，就会产生自卑心理。例如阿光，明明是通过自己的实力考上了重点中学，却认为自己配不上这所学校，造成了情绪低落。

青少年朋友们，我们只有科学、客观地评价自己，既不低估自己，也不骄傲自大，才能恰当地确立自我发展的目标，实实在在地把握现在，我们的生活也将充满快乐。客观的自我认识需要与自己、与他人不断进行纵向和横向两方面的比较。

要想找到具体可行的自我评价的好方法，不妨看看下面的内容。

2. 纵向比——和自己比

纵向比较，包括将现实的自我和理想的自我作比较，看到自己的不足和差距；同时，也要将现实的自我与过去的自我作对照，看到自己的进步。

小宾的父母都是知识分子，对他的要求很严格。在父母的教育下，小宾也很争气，学习很努力，考上了市重点

中学。在人才济济的重点中学，他的学习成绩排在班级的十几名，父母还不满意，说前边还有那么多同学比他强。他也认为自己不够好，于是很自卑。在"我不行"的阴影下，他的学习成绩不但上不去，还大幅度地向下滑。下滑的成绩更强化了他"我不行"的自我意识，以至有一次他的成绩竟落到了全班最后一名。

　　后来，他在心理辅导老师的鼓励下，试着以现在为起点纵向比——与自己比。心理辅导老师说：你看看，后面还有人吗？只要你与现在的自己比，有进步，就是好样的。他想，是啊，都最后一名了，没有人追自己了，只要努力，就可以前进几名。他努力了，真的进步了几名。"只要努力就能进步"，他有信心了，觉得"我能行"。他又努力了，成绩又进了几名。他更有信

心了。在一次次的纵向比——与自己比较的过程中，他的成绩一步一步地往上提升，以至他进入了前十名，后来一直保持在第五名左右。

曾经看过这样的一句话："再弱也要和自己比。你挑战过了自己，把以前的你比下去了，你就比别人强。"这段话很有道理。

3. 横向比——和他人比

横向比较，包括与超过自己的、与自己相似的、比自己稍差的人作比较。朋友们要将上述各个方面获得的信息加以综合分析，才能获得较为客观的评价。既不要妄自菲薄，也不能夜郎自大。

纵向比其实是和自己比，看到自己的过去和现在，设想自己美好的未来。但如果只和自己比，我们可能就会成为"井底之蛙"。因此，横向比也是必不可少的。

（1）以人为镜

横向比是通过与他人比较认识和评价自己。个人认识与评价自己的能力、自己的价值、自己的品德以及个性特征往往是通过与他人的比较而实现的，与他人的对比参照，可以让我们知道自己所处的位置。经常参加不同的团体活动，比如参加围棋小组可以比较出自己在小组内逻辑推理能力、运筹帷幄能力的高低，参加舞蹈小组可以比较出自己的动作协调能力等。

接触不同的人，每个团体、每个人对你的评价就是一面镜子，这样就可以通过不同的镜子来照出多个自我，这样，个体就能较全面地认识自己，从而促使自我意识的不断发展。

同时个体往往把对他人的认识迁移到自己身上，像认识他人那样来"客观"地认识自己。例如，当看到别人对长者很有礼貌并受到大家称赞时，就来对照反思自己的言行，从而认识到自己平时对长者的态度。经过多次对比，就会促进个体对自我的认识，形成相应的自我概念。但有时会产生像小枫那样的问题，下

面让我们来看看小枫的苦恼，一起帮帮他。

小枫的父母经邻居介绍找到了心理咨询师王医生。第一次走进心理咨询室的小枫，并不像同龄人那样在大人面前会显得紧张和拘谨，他大大咧咧走进门来，拉过一把椅子就坐下了。没等王医生开口询问他的情况，他倒先对心理咨询室的布置评论了一番。从桌子、椅子到灯光、墙纸，从墙上的壁挂到桌上的摆件，品头论足，俨然一个小大人。

经王医生的一番努力，小枫说出了自己的困惑。小枫是个"小天才"，才15岁的他已经参加过各种竞赛并取得了相当好的成绩，家里的奖杯一个挨着一个。但是在学校里他的人缘并不好，他自己也觉得很难和别人相处。举个例子来说，同桌张明虽然年龄不小，可他平时不求上进，整天去网吧打游戏，小枫不愿与这样的人交朋友，怕耽误了自己的前途。相比之下，前排的小董倒是个聪明人，不过却十分自负，办事以自我为中心，听不进别人的意见，小枫说东他非去西，因此总有摩擦。但小枫觉得如果能把小董"改造"好，还是可以和他交朋友的，因此他问医生：如何能让小董变得谦虚随和一些？

王医生让小枫先谈谈他自己。小枫的话题就更多了，把自己得过的奖杯、奖状滔滔不绝地尽数了一番。他认为自己非常聪明，不怕吃苦，愿意努力，并有雄心壮志将来干出一番事业来。只是由于自己有时太过于"坦率直言"，不是很有人缘。不过，最后他又补充道："其实与那些'俗人'交往也挺没意思的"。王医生听了小枫一个多小时的"演讲"，并没有过多地说，只让小枫一周以后再来心理门诊，说是到时候就有办法"改造"小董了，小

枫很欢喜地回去了。

一周以后，小枫如期而至。坐定之后，王医生递给他一张白纸和一支钢笔，让他把小董的优点和缺点一条一条地写下来。等他完成这一作业后，王医生又让他如法炮制，在另一张纸上写下自己的优点和缺点。小枫也都一一照做了。

王大夫把两张纸并排放在小枫面前，让他仔细地将两张纸上的内容作一下对照。"是不是有着某种程度的相似之处？"王医生暗示他。

小枫是个很聪明的孩子，在医生的提示下，不久他就看出了其中的端倪：从本质上看，自己和小董竟是同一类型的人，只是在写优点和缺点时，小枫把某一种个性特点用了两种色彩的词语来描述。例如，他说小董是自负自满的人，而自己则是自信、自尊自爱的人；小董凡事以自我为中心、自私自利，而他自己则是独立果断，办事有主见。如此种种，别人的缺点和不足，到了自己这里就成了优点和长处。看着看着，小枫的脸不由得红了起来。

接着，王医生向小枫讲解了人类的自我防御机制中的"投射"作用。简单地说，就是把自己的不足投射到别人身上，对别人的不足很敏感，看得清清楚楚，而对自己的不足却视若无睹。"察人可以知己"，王医生告诉小枫："别人有时就像面镜子，透过这面镜子可以观察自己，正确地认识自己并引起反省。"

在这次咨询以后，小枫再也没提起如何改变小董的事，而是认真谦虚地在以后的一次又一次咨询中向王医生讨教如何利用"镜子"来认识自己，改正自己的缺点和不足，以及如何培养更客观准确看待事物的方法。而王医生

则根据他的具体情况，制订了一系列行为训练作业让他完成，使他在实践中有所感受和体验，以巩固咨询效果。小枫正处于青春发育期，性格具有很大的可塑性，因而他的努力获得了很大成效。不出一个学期，他已与第一次走进心理咨询室时大有不同。他向心理医生倾诉，他现在能够更清楚地认识自己了，容人之量比过去大多了，人缘也要好得多。当他对别人的言行有反感时，他马上会想一想自己，在自己身上有没有类似的不足，有则改之，无则加勉。

正确的自我意识不仅要看到自己和别人的优点长处，也应该对自身的缺陷和不足有正确的认识。

（2）不要盲目攀比

横向比不是盲目比，选择什么样的对象和自己比很重要。如果自己只是个智力平常的普通人，却非要和爱因斯坦式的大科学家比智商，那恐怕只会带给自己无穷无尽的挫折感了！和爱因斯坦比不成，那就和个智商有问题的白痴比，那恐怕你又看不清自己了。

在横向比的时候，选择比较对象最重要。在比较之前，我们至少应该清楚地了解自己现在的水平和通过努力可能达到的水平，根据这两个水平选择与自己年龄、经历、学识相近的对象作自己的比较对象，才是最科学也最能给自己提供帮助的。

当与他人比较时，看到差距不气馁、不嫉妒，将消灭差距作为奋斗的目标，我们的人生才更有方向；因为在这样一个过程中，我们可以更进一步地了解别人，欣赏并学习别人身上的优点，完善和提高自我，从而也有利于增进感情、融洽与同学的关系。

美国钢铁大王安德鲁·卡耐基的成功之处，就是善于发现别人的积极一面，他与合作者之间的关系非常和谐。当别人问到其中的奥妙时，他说："与人相处，就如同在泥里挖金子，你很明确，你现在挖的是金子，而不是泥。

如果我对合作者只是发现他们身上的缺点，那么我会被气死，且一无所有。相反，我知道每个人都有积极的一面，这是我要发现的，也许它像金子埋在土里很深一样，但只要努力，就一定会发现的。"

其实少年朋友们在学习生活中也会遇到与下例类似的情况。

一位重点中学的学生小徐曾向心理辅导老师诉说自己的苦恼：到了初二下学期，自己常有一个怪念头，就是难以容忍别人学习成绩超过自己。有时别的同学考试分数超过自己，就会觉得特别难受，晚上失眠，白天会莫名其妙地大怒。班级里评奖学金，评了同学小刘，他很不服气，耿耿于怀，不能排解。有一次他明明迟到了，却骑着自行车，横冲直撞地闯进了校门，值勤的恰巧是同学小刘。小刘把他拦下，将他带到老师跟前，他横眉立目，不但拒不认错，还扬言要揍小刘。

少年朋友，你们看小徐的问题是什么？对了，是嫉妒心理。嫉妒心理是当与自己的条件相当的他人超过自己时产生的不满、怨恨的情绪，是一种不良的心理状态。嫉妒心理具有隐蔽性，一般人不愿承认也不愿向他人倾诉。小徐敢于向老师谈，这是他的勇敢。

针对小徐的问题，辅导老师帮助他认识了嫉妒心理的危害。说明嫉妒心理不但不能帮助自己提高学习成绩，而且既伤害别人也伤害自己，使自己身心受到折磨。在老师的鼓励下，小徐首先找到了小刘，诚挚地向他道了歉，并请求班主任老师把自己调换成小刘的同桌，以便在日后的学习生活中虚心求教。小徐把小刘的优点当成是自己的一面镜子，来发现自己的不足并加以改正。期末考试后，小徐和小刘都获得了奖学金，两个人也成了知心的好朋友。

当然，从另一个角度来看，我们也不能总拿自己的长处和

别人的不足相比较。

初中一年级的李小军是个喜欢拿自己的长处和别人的短处相比较的人。在学校里，他嘲笑同桌小红的体育能力比自己差，回到家里又嘲笑邻居小明的学习成绩不如自己。结果实际情况却是：小红的学习成绩比他好，小明的体育能力比他强。这样的比较使得小军永远无法看到自己的缺点，也就没有办法进步了。因为只有不断地认识到自己的不足之处，才能有针对性地不断提高和完善自己。

有的同学会问，既然比来比去这么麻烦，又容易比出问题来，为什么我们还要不断地和别人进行比较呢？如果不比较是不是就会相对快乐些？著名作家刘墉先生曾经为他的女儿写过一篇短文，告诉他的女儿：比，才能认清自己；比，才能超越自我。

今天晚上当久安娜打电话来的时候，我顺便问了一句"她的功课比你好，还是比你差？"而在你答"比我好一点点"之后，我有些惊讶地继续问"你已经是平均九十六点多，她居然还要更好？"

这时你似乎有些不大高兴地说："这又怎么样？我们这一年级还有一个叫阿曼达的女生，平均九十九呢！人漂亮，参加的活动又多，而且还交男朋友！"最后你气呼呼地转头进去，还撂了一句英文"为什么总是拿我跟别人比？我是我，人家是人家！"

多年以来，几乎每次当我将你跟别人比较时，你都会有这样不愉快的反应，而在我与其他家长聊天中，也知道他们的孩子同样不喜欢比，也都曾抱怨自己的父母喜欢比。

不错！这是一个大的国家，三百六十六万平方英里的土地任你驰骋。此地不留人，自有留人处，你确实可以不必处处跟人比而找到自己生存的空间。

135

　　但是，你更要知道，当你想往高峰爬的时候，也便有来自三百六十六万平方英里土地中的精英与你竞争，这也就是你能获得纽约市演讲比赛冠军，到了纽约州却败下来的原因。再想想，就算你能在全州得到冠军，到了全国大赛还有得胜的把握吗？

　　其实从我们生下来，就面对这个竞争的世界。我们一方面该庆幸自己能生在20世纪科学昌明、生活富裕的时代；另一方面也得知道，我们所面对的正是21世纪，这个知识爆炸时代的竞争。

　　何止科技、知识的竞争，连体育也是如此，想想40年前的体育纪录，再看看今天的世界纪录，当时世界的金牌得主，只怕今天都无法进入决赛，甚至不及参加的最低标准。

　　在过去的中国，你只要在一个乡里跑得最快，就被人们称为飞毛腿，神气得不得了，因为那是交通不发达，越过一个山头，就换一种口音的时代。但是，后来有了省级运动会，有了全国运动大会，进而又有了世界比赛。直到这时候，许多中国人才发现，原来自己在武侠小说里崇拜的"草上飞"和"浪里白条"，到了世界级的竞技场，只能勉勉强强地殿后。但是也就是由于比，人们开始提高自己的基点，追求更高的理想，从失败的痛苦、愤懑中激发力量，并学习别人的长处。今天，中国人在许多方面不是已经超越西方了吗？

　　比，确实不是很愉快的经验。那不愉快，是因为打破了自己编织的"满足的梦"，也可以说是使自己面对了现实。有什么事情，要比你面对敌人，当面交手，来得更真实呢？

　　中国有句俗语"人比人，气死人！"周瑜更在屡次受

挫于诸葛亮之后说："既生瑜，何生亮？"意思是既然生了我周瑜，为什么老天又要生下诸葛亮呢？问题是，如此推理，每个比赛的第二名，都愤愤地说"如果得第一名的那个人没有来参加，我就是第一！"第三名的说"如果得第一、第二的人不来，我就是第一！"

那么，这个世界还可能进步吗？

在这个充满竞争的时代，我们即使得了第一，也应该用相反的方式来想："只怕是有高手缺席，所以我能得冠军。他如果真来了，恐怕我就是第二！所以今后要更加努力，才能面对强敌，也才能保持既有的荣誉！"

如此，这世界就能不断进步！

记住！不要认为不去跟别人比，就能减少竞争的机会，也就能比较快乐。因为你不去比，别人也会跟你比，这个世界也总是把大家放在一起比！参加入学考试，当有人金榜题名时，就同时有人名落孙山；参加就业考试，当别人竞聘成功时，你可能就是遭淘汰的；甚至我们每一个人能来到这个世界，也是从亿万竞争对手间脱颖而出，才得以受孕成为我们的。请问，哪一样事情不是在比中成长的呢？我们整个生命的过程中，都在和人相比！不是你高，就是我低！

比，不是狭隘地排斥别人，而是积极地审视自己和大家；是认知别人、肯定自己！是精益求精，更上一层楼！孟子曾说："舜何人也，予何人也，有为者亦若是！"就是由"比"进而产生自我期许、积极努力的态度！

最后，我想问你，如果你不心存比的想法，为什么能记得那么清楚，久安娜总平均比你多了零点五分呢？

坦白说吧！你根本就在偷偷地比！

因此，客观的自我认识需要与自己、与他人不断进行纵向和横向两方面的比较，将各个方面获得的信息加以综合分析，才能获得较为客观的自我评价。

4. 在实践中比

俗话说，是骡子是马，拉出来遛遛。经常听到有同学不服气地说："我是不干，要是干了不一定比他差。"所以，青少年朋友如果要知道自己是怎样的一个人，就要动手试试，不要眼高手低。应当积极参加实践活动，借活动成果认识和评价自我。青少年要打破自我心理闭锁，增加生活阅历，在积极参加实践与交往中使自己的天赋与才能得以发挥，以便进一步全面评价自我和发展自我。人们总是要在与他人的相互交往中不断深化对自己的认识，同时也在认识和评价他人，在评价他人的过程中也接受他人对自己的评价。

5. 在自省中成长

军军一进初中便当上了班长。他勤勤恳恳地工作，努力配合班主任管理好班级，对同学的缺点敢于大胆、诚恳地批评。在他和同学们的努力下，班级被评为全校先进班集体。每次考试，军军的成绩也总保持在班级前五名。但万万没有想到的是：在初三上半学期的班长改选中，军军得票仅仅是9票，而远不如自己的周涛却得了41票。看着黑板上的票数，军军苦闷、失望、悲观……

青少年朋友们，当你认为自己是最好的班长人选时，当你对自己的工作能力、工作成绩沾沾自喜的时候，你是否及时地发现了自己的缺点与不足，这个时候恐怕我们就需要和别人比一比了！

曾经有这样一个故事。一位剑师勤学苦练，终于将剑法练得出神入化，而坐上了"掌门"的宝座。得意之余，

他大声地喝问："有谁能打败我？"一位哲人回答："你自己。"

这是一个发人深省的故事。当一个人的眼里满是荣誉和成绩的时候，当他自认为至高无上或天下无敌手时，便是他开始走下坡路之时。因为这个时候人们容易被成绩冲昏头脑，迷失自我。只有从他人身上寻找闪光点，寻找自己所不具有的优点和长处，向他人学习，实现"优势互补"，才会使我们在各方面更趋完美。

"万有引力"的发现者、杰出的科学家牛顿，曾经这样对人说："我不知道世人怎样看我，但在我自己看来，我只是另一个在沙滩上玩耍的男孩……"

《失街亭》中的马谡，口出狂言，在诸葛亮面前立下军令状后，被派驻街亭。但这位"言过其实，不可大用"的马将军，自恃小聪明，最后枉失要地，逼得诸葛亮只能弹奏一曲"我正在城楼观山景"，以"空城计"解围，而马谡亦以身伏法，上演了一幕"孔明挥泪斩马谡"的悲剧。

6. 保持一颗平常心，走自己的路

我们生活在社会中，不可能不受到他人的评价。他人的评价有高有低，我们又该如何去接受呢？孙雯的回答给我们以启迪。

女足大联赛在即，孙雯已经走进美国球迷的心里，预示着"太阳"（孙雯姓氏的英文字母）将普照美国大地。但这位"世纪最佳球员"的心境却特别平静，她以微笑面对未来的挑战。"我没有任何压力。以前我特别在意他人的评价，反而束缚了自己的手脚。"孙雯说，"尽管手术后的状态不敢贸然预言，但我相信自己还有发展的空间。中国选手不靠体能踢球，美国的高强度训练自然也让我长

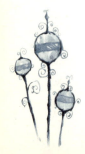

进。最优秀的前锋就是要善于发现并捕捉机会。"坐在美国西海岸旅店大堂内的孙雯，脸上流露着自信，话中洋溢着真诚。

因冒犯皇帝而被施以宫刑的司马迁在他人眼里完全是个废人，苏格拉底日日拖着肥大的身躯踽踽而行，贝多芬在他人看来是个聋子，但他们都超乎他人的期望而成为伟人。我们不禁要反省他们对于人生的自我认识。凡是精神伟大的人，都拥有一颗坚持自我的心。在他们心中，自己选择的走向是通向精神殿堂的捷径，不论世殊事异，他们都会在自己选择的路上奋斗拼搏，从不放弃。"艰难困苦，玉汝于成"，许多人在他人的轻视中走向辉煌。青少年朋友们，相信自己的能力，充满自信地去面对他人的评价，保持冷静的心态，永远对自己保持客观的认知与评价。

有时，他人的评价不够客观，不太符合自己的实际情况，与自我的认知与评价相去甚远。这时，我们要"有则改之，无则加勉"，保持一颗平常心，以走自己的路的应对方式对待他人评价与自我评价的矛盾冲突，这是一种最恰当的方式。

小飞蛾的歌

"每一只蝴蝶都是一朵花的轮回。"甲虫微笑着对我说："有一天，你也会有一双斑斓的翅膀，在天空中翩跹舞动。"阳光安静地淌过我每一寸藏青的肌肤，我听到山风掠过树梢，如同一支深远的歌曲。

"啊，你！"小甲虫尖锐的叫声在我耳边响起，我拖着湿漉漉的双翼，睁开疲惫的眼睛——浅黄的粉翅覆落在地上，我从一只毛毛虫变成一只小飞蛾，我笑了。阳光明媚得有些奢侈，虽然好朋友小甲虫一直期待我成为一只最美丽的蝴蝶，轻盈地在花丛中飞舞，但我无恨亦无悔。如

果注定我只是一只小飞蛾，经历了破茧的痛苦与挣扎，我也早已脱了胎、换了骨。虽然我没有斑斓的翅膀，我依然有破茧而出那一瞬的动人，我依然会用并不曼妙的舞姿歌颂这个美丽的世界。请祝福我吧，我是一只可爱的飞蛾。

小鸡的歌

"每只鹰的尽头都是苍穹"，妈妈的目光中充满期待，"有一天，你也会有一双坚强的翅膀，在天空中铺展你的辉煌"，轻风温柔地吹动我茸黄的毛，我听到燕语呢喃，讲述着一些古老的故事。

"啊，你！"妈妈沉重的叹息重重地敲打在我的心上，我当然明白，我只是一只平凡的鸡，天空只是一个太过遥远的梦，而妈妈收养我这个孤儿，一心盼望我会是天空中最骄傲的一只。对不起，妈妈，我只是一只鸡，所以蓝天不是我的选择。江南三月，草长莺飞，我会在那里尽情地跑动，如一朵黄色的云掠过碧绿的天际，那里才是承载我快乐的天国，我不会把鹰的期望强锁上眉头，碾碎一个春花秋月的日子。在一片放逐理想的草原，我会和鹰一样快乐，妈妈，请祝福我吧，我是一只幸福的鸡。

折翅的天鹅

"每一只天鹅都是天使的一次微笑"，爸爸慈祥地凝视着我，"有一天，你也会有一双洁白的羽翼，在天空中书写你高贵的美丽。"水珠轻轻地顺着我的羽毛淌下，我似乎听到雨打芭蕉，点滴着一些天荒地老的忧伤。

"啊，你！"爸爸失望的目光黯淡如被浇熄的火炬。

我天生有残疾，永远不能圆轻盈飞翔的梦想。我没有落泪，我想，有一些飞翔是不要翅膀的，有一些美丽是不需要书写的。我依然洁白如玉，在水间漫步，有我的快乐在流淌。我会微笑着，祝福那些空中的同伴。天使的姿态，不如没有翅膀的飞翔更接近天堂，祝福我吧，我是一只快乐的天鹅。

这是一个个非常美丽却又有着淡淡遗憾的童话故事，但如果为了他人的评价，为了一个自己无法达到的目标而悲伤，恐怕你会更加痛苦！"旁观者清"，这话虽然有它的道理，但最了解自己的人恐怕还是我们自己。青少年朋友们，坚持做一个最真实的自我，走自己的路吧！

7. 其实你很优秀

相信自己的人，一定会成就一番事业；认为自己无能的人，一辈子一事无成。

世界重量级职业拳王乔弗雷沙每一次比赛前都要在天花板上贴一张白纸，上书：Yes，I can!（噢，我一定能赢！）后来这位拳王追忆道："在坚信自己绝对能胜后，即使比赛时受到对方的重击，只要脑海里浮现出这几个字，就会爆发出不可思议的力量来，帮助我击倒对方。"

青少年朋友们，每个人都有自己的优点，在人群中你也总会是最特别的。然而，人类最大的弱点就是自己贬低自己，只看到自己的缺点、失败，看不到自己的优点和曾经有的成功。例如，约翰在报纸上看到一份他喜欢的工作，但是他没有采取任何行动，因为他想："我的能力恐怕不足，何必自找麻烦！"认识自己的缺点是很好的，但如果一个人仅仅认识自己的消极面，就会认为自己没有价值，就会是行动的懒人。没有行动就不会有成功，那么他就会真是没有价值的人了。

原来我也很优秀。

其实你很优秀！你知道自己的优点吗？优点就是你能运用的才干、能力、技艺与人格特质，这些是你能有所贡献、能继续成长的要素。但是，我们总觉得说自己的优点是不对的，会显得太不谦虚。其实，自己在某些方面确实有优点却否定自己的做法既不符合人性，也不诚实。朋友，肯定自己的优点绝不是吹牛，相反，这才是诚实的表现。你有哪些优点自己清楚吗？你能不能说出这些优点？首先请各位做一个小小的试验。

小试验

1）写下自己的10个优点。写完之后，默念三遍，然后闭上眼睛，再默念三遍。

2）睁开眼睛，伸出双手请别人压一压。

3）写下10个缺点，写完之后，默念三遍，然后闭上眼睛，再默念三遍。

4）睁开眼睛，再伸出双手请别人压一压，体会一下是什么感觉。

相信试验的结果是在默念优点之后，伸出的双手很难被压下来，为什么？因为它变得较有力。这个小小试验就是让大家具体地体验一下负面的、消极的思想及正面的、肯定的思想对一个人的影响。

青少年朋友们，相信你自己，肯定你自己，你会变得更优秀。人是很有意思的动物，许多人很难爱自己却要求得到别人的爱；看自己尽是缺点，但当别人指出它们时却不高兴；看不到自己的优点，但当别人指出它们时却不能相信与接受。你说，人是不是很奇怪？针对这几点，我向青少年朋友建议用下面的方法来改善。

第一，跳出"盲目与别人比较"的模式，而成为既能与"自己比较"也能接受与别人比较不足的独立的自我。做到这点很不容易。凡事开头难嘛！最好找一个好朋友一起做，彼此鼓励，彼此切磋与支持。

第二，写下你所有的优点。在许多场合下，要求参与者写下优点时，他们会觉得很困难，但要他们写缺点时，却又快又好。请大家多花一点时间想想自己的优点，若想不出来，就问朋友或家人，有时候反而是别人知道我们的优点比我们自己知道得多。

第三，每天早上、中午和晚上念自己的优点三遍。刚开始可能会觉得不自然甚至有些虚假，有了这种感受而仍然去做，在做了一段时间之后，你就会发现优点增加了，增加了就加上吧！越多越好。

第四，每天记下自己所做的好事、好的表现，如在努力、认真、勤劳等上面打一个记号；在需要改进的事及欠缺的方面，如骄傲、懒惰等上面也打一个记号。在晚上做一个总记录。做完记录之后，好好地欣赏与肯定自己所做的好事；对需要改进的事则告诉自己说：今天我有些问题，明天我会改进，做得更好些。要谢谢当天所发生的一切人、事、物，感谢它们给你学习、改进

和成长的机会。

第五，用幽默的态度"嘲笑"自己做得不够好的地方，而不要刻板地责怪自己。把"你看，你又犯了这毛病，怎样搞的，你怎么这么笨，老是学不会，难怪别人都不喜欢你！"的语句转换成："你看你，又以自我为中心了吧！你是很努力了，但下次要更小心点，更努力点，哈哈！"

第六，学习多欣赏别人的优点，包容别人的缺点。

青少年朋友们，这几点只是第一步，但已经够你练习的了，你一定会发现你比想象中的自我要高大得多，你会发现你在某个方面超越了许多成功者。

祝你成功！

◎ 积极地自我情绪体验

桑兰那灿烂的笑脸上有一双炯炯有神的眼睛，她身上那股乐观、积极向上的精神，深深感染每一个人。"永不放弃，挑战自我，努力、努力、再努力！"——这就是桑兰的人生信条。2002年9月，伤残已4年的桑兰圆了她的大学梦，成为北京大学新闻与传播学院新闻学专业的一名新生。

所有喜爱桑兰的人都不会忘记：1998年7月，桑兰在美国纽约参加第四届世界友好运动会期间，不幸重伤颈椎脊髓，造成胸部以下完全瘫痪。这个事实，对当时年仅１７岁、酷爱体操事业的桑兰来说是多么残酷。但年轻的她勇敢地面对伤患，以"桑兰式微笑"赢得了世人的尊重，并被美国著名的《人物》和《生活》杂志评选为年度英雄。桑兰的顽强生命力也征服了国人的心，她曾点燃了中国第五届残疾人运动会的火炬，也随中国残疾人艺术团出访海

外，更成为2008年北京申奥形象大使。桑兰还加盟上海星空卫视，担任一档全新体育特别节目的主持人。

和所有的年轻人一样，桑兰对新生活充满着渴望和希冀，能够进入北京大学这所著名的高等学府读书是桑兰的梦想。和健康的同学相比，桑兰的走读大学生活并不轻松。

桑兰虽然有伤在身，但她脸上始终洋溢着灿烂的笑容，她那充满朝气的一言一行，让人时刻感觉到她对生活乐观的态度，这种微笑感染着每一个人。

情绪、情感状态最能反映一个人心理健康程度。丰富多彩的生活带给我们丰富的情感体验，但不都是快乐的，而是喜怒哀乐愁都有。否则我们的人生又怎么能丰富多彩呢？但无论生活给予了我们什么，我们都要勇敢地面对，我们的情感应该是丰富而积极向上的。

1. 阳光灿烂，生命有生机

美国有一位名叫卡森的作家。30多年前，他患了一种致残的脊柱病。医生们预言他存活的可能性只有1/500。卡森先生决定用笑来进行自我治疗。他每天都阅读幽默小说和看滑稽电影。经过一段时间后，他发现笑能引起腹部有规律的收缩，像服用了麻醉剂一样，每次笑完之后，可以毫无痛苦地沉睡2个小时。经过几年的治疗，他竟完全康复了。

现代医学心理研究表明，笑可以加速血液循环和调节心率，从而解除烦恼和抑郁感。一次大笑，可以使膈肌、胸腔、心脏、肝和肺等器官受到锻炼。笑声的一次突然迸发，可以使一个人的脉搏跳动从每分钟60次增加到120次。一旦笑声停止，人体的肌肉就会比开始笑时放松得多，心跳和血压也会低于正常水平，这些都是身体解除紧张的特征。挪威的一个医生小组经过一

系列的科学实验证明：3分钟的笑等于15分钟的体操锻炼。

在美国，20世纪六七十年代就有许多医院开始推广"笑疗法"。有的医院要求病人每天笑5分钟。还有的医院，护士给肺气肿病人讲笑话，逗得他们大笑，咳嗽吐出黏液，因为他们的肺缺乏弹性，笑能减少肺里的分泌物，使之更轻松地呼吸。

日本大阪有"现代微笑学校"，各行各业的学员都有，每周固定上课3个小时，教导如何微笑。一位老师说，必须学习的是放松和鼓励自己开怀。做祖母的佐藤上了8个月的课以后，微笑已使她的生活起了变化。她感受到了快乐，微笑可以消除人与人之间的隔阂。

到底我们的笑容是学来的，还是天生就具备的能力？婴儿五六个月时，会对眼前的笑脸报以一笑，证明笑是无需模仿的。但将面无表情转换成笑容可掬，也不是一件容易的事。因此，"现代微笑学校"的老师指导学员凝视镜子，先向自己打招呼。微笑的确是很可爱的表情，唇角留笑，即使相貌不好的人也会令人顿生好感。

"微笑学校"的学员表示，要不断提醒自己常笑，否则又会恢复原来的严肃面孔，学了以后，身体力行才更重要。

看来，常常展现笑容，就会使生命充满生机，生活更有趣味。专家认为笑对人体有十大作用：

（1）增加肺活量；

（2）清洁呼吸道；

（3）抒发健康的感情；

（4）消除神经紧张；

（5）放松肌肉；

（6）有助于散发多余的精力；

（7）驱散愁闷；

（8）减轻各种精神压力；

（9）有助于克服羞怯、困窘的感觉以及各种各样的烦恼，

并且有助于增加人们之间的交际和友谊；

　　（10）使人对往日的不幸看得淡漠，而产生对美好未来的向往。

　　我也对着镜子告诉自己，我不喜欢一张没有表情的脸。于是，我看见我的眼睛先笑了，接着心灵也笑了，这才是真正的微笑！人类是智慧的动物，让我们学会微笑，笑对生活。当你把一个微笑给了别人的时候，别人就会回报给你微笑。因为人在微笑时，心态是良好的，而积极的心态又是一种有效的心理工具，如果你认为自己很优秀，你就能如愿以偿。

　　可是我们怎么会一会儿还眉开眼笑，一会儿就哭丧着脸了？原因就在于我们处于不同的心态。在积极进取状态时，自信、自爱、坚强、快乐、兴奋让你的潜能源源涌出；在消极状态时，多疑、沮丧、恐惧、焦虑、悲伤、受挫使你浑身无力。

　　一位老太太有两个儿子，老大卖伞，老二卖盐。为此老太太几乎天天发愁：青天白日时为老大发愁，伞不好卖哟！阴天为老二发愁：阴天下雨的，盐咋晒？老太太在焦虑中日渐憔悴，两个儿子不知如何是好，便请来一位智者。智者对老太太说："晴天好晒盐，您应该为老二高兴；阴天好卖伞，您该为老大高兴啊。这样一想您老就不发愁啦！"果然，老太太的心情大为开朗，身体逐渐好起来。

　　笑是生活愉快的润滑剂，是防治疾病的良方。"一天一笑，无须看病吃药。"

2. 让乐观成为心情的主色调

　　青少年朋友们，在这里我想告诉大家，人生境遇是好是坏，不由命运来决定，而是由心境来决定。我们可以用积极心境看待事物，也可以用消极心境看待事物。积极的心境能让我们的生活充满阳光，消极的心境只能让我们生活的天空布满乌云，一切只会更糟糕！

　　我们的心境是一种微弱的、持久的情绪状态，它像背景一样使我们的各种心理活动染上心境的色彩。人们常说，"人逢喜事精神爽"。在我们心境良好的时候会觉得阳光灿烂、白云飘飘，花儿对我笑、鸟儿对我唱。其实阳光、白云、花儿、鸟儿经常如此，只是在我们心境良好的时候才会感受到它们给人的愉悦体验，在我们心境不好的时候，可能会觉得阳光是那样刺眼，鸟儿的鸣叫也令人心烦。

　　积极的心境可以维持人的内分泌系统的正常活动和植物神经系统正常的功能，保证身体健康；在积极的心境下，人们的认识过程，无论是观察、思维，还是想象、记忆都可以避免阻塞，而更为灵活、流畅；在积极的心境下，在遇到人际冲突时也容易做到平心静气，化干戈为玉帛。长期的积极心境能沉淀为我们的个性特征，使自己具有积极向上、乐观开朗的性格品质。

　　青少年朋友们，脚下的路有千万条，只要自己勇敢地走出去，又何愁生活不柳暗花明。当生活中遇到不幸时，倘若能以哲

人般的博大胸怀、豁达气度来分析看待问题，那么，我们的生活便会少一份阴霾，多一份阳光，而这往往仅在一念之间。

其实人们身边有许许多多快乐之处。比如，读了一本好书是快乐，和知心朋友交谈是快乐。人生不可能一帆风顺，因此，克服困难也是一种快乐。测验、考试成绩不好，心里会感到难过。但是当在下一次测验中取得进步时，哪怕只有一点点，也应会觉得开心。有的人会不屑一顾地说："才这么点分数，与别人比起来差多了。"可是，一点进步毕竟是一个新的开始，好分数是"一点一点"日积月累组成的。对自己没有信心，整天愁眉苦脸是无济于事的。要想到分数毕竟不能代表能力，也不一定完全反映出学识水平。

一个开心的人常有开朗的心境。心中一舒服，常有想活动的愿望。体育课挥挥手、跑跑步、打打球，都会让人觉得浑身舒畅；艺术节、运动会，积极参加令人开心；每次劳动拿着抹布擦着玻璃窗，便会看到一个活泼快乐的影子跃然"镜上"。

听到有青少年朋友唉声叹气："作业太多了，又不知道要写到几点了，真烦人！天天上学这么早，累死我了！"其实，这就是生活，如果你能微笑面对，你会觉得当我们一个个地解决困难，也是很快乐的！就看你怎样看待苦难与快乐了。

第一次听到"宏志班"的故事是在几年前的一个电视访谈节目中，一些真正的穷孩子讲述着他们的成长故事，不禁让人潸然泪下！希望青少年朋友也能从他们的故事中找寻到一些人生的财富！

在北京市广渠门中学，有一个特殊的高中班，组成这个班集体的是一群生活异常贫苦的孩子。当你询问他们的经历，孩子们会告诉你："我的爸爸因病去世了"，"我的妈妈常年卧病在床"，"我的父母早已离异了"……一双双闪着泪光的眼睛让你不忍面对。

　　但这又是一个朝气蓬勃、充满欢声笑语的班集体。家庭的贫困、生活的磨难没有磨灭他们坚强的意志，来自学校、老师和社会各界的关爱为他们铺平了求学之路。如果你问他们生活苦吗？他们会告诉你：苦，但我们感到幸福快乐！这些孩子都特别懂事，宏志生们常说：受人滴水之恩，当以涌泉相报。

　　从1995年创办全国第一个宏志班开始，广渠门中学共招收了多届共500名宏志生，其中前6届的270名学生已经毕业。这些毕业生正带着宏志班赋予他们的特殊精神财富，一步一个脚印地走着他们的人生之路。

　　有幸进入宏志班的穷苦孩子都在这里圆了他们的求学梦，进而改变了自己的命运。如今，前6届宏志生100%考上了大学，其中85%就读于重点大学。前两届的近100名学生已经大学毕业参加工作，使家庭经济状况得到较大改善。曾靠四处借钱交学费的首届宏志生袁奕从北京外交学院毕业后，去年赴英国留学；第二届宏志生刘刚以优异成绩考上清华大学土木工程系，后又被保送上了研究生；当年居无定所的首届宏志生高岭，大学毕业后被分配到北京航空食品有限公司工作，今年年初贷款买了一套住房，不久就要乔迁新居……高金英老师骄傲地说：宏志生个个"拿得出手"。

　　困境是一笔我们能终身受用的巨大财富。微笑面对生活，生活会给你最丰厚的回报。

　　何婧出生在一个普通的工人家庭，她刚刚学会走路的时候，幼儿园老师发现她站立时，表情特别痛苦。于是，母亲带着她辗转于各大医院。一位医生说：这个孩子是脊髓压迫症，会瘫痪，张海迪什么样，这个孩子将来就是什

么样。这种无情的宣判对于一个1岁的孩子来说未免过于残酷。从此，命运铸就这个家庭和孩子平静地面对苦难，微笑着对待生活。

"扑通"一声，小何婧跌倒在地上，虽然经过长时期的恢复锻炼，但是她的肌力仍然达不到常人的1/3。"妈妈，把我拉起来呀！"但是，妈妈没有走过去拉她，她只好自己慢慢站起来。她委屈，却没有注意到妈妈想要伸出却又缩回的双手。多年后，何婧终于明白妈妈的苦心，人生的路没有人可以依靠，要自己站起来向前走。就是这样，女孩带着一颗感恩与善良的心慢慢长大。

大扫除时，她坚持留下来。在何婧心里，她没有觉得自己和别人有什么不一样。她想：我得到了大家的帮助，我一定要为大家做一些事情。她慢慢扶着桌椅打扫卫生，捡起地上的纸屑。在她的带动和影响下，小学时，她所在的班始终是学校里的卫生先进班。在班里没人的时候，往往就是她默默为大家做事的时候。细心的老师总会注意到：课间操时，一个女孩拿着纸篓，扶着墙，慢慢地走到楼道的尽头倒掉，又把黑板擦得干干净净……

青少年朋友们，若生活中充满着爱、希望和鼓励的积极话语，往往能将一个人提升到更高的境界；而充斥着失望、怨恨的消极言论也能毁灭一个人。因此，我们一定要小心自己的心境啊。

3. 时时清除心中的杂草

复习理想

复习功课同学们都听说过，但什么是复习理想呢？淄博市某医院的医生王延国是当地有名的妇产科医生，医术

精湛，医德高尚。他说，对于一个从医多年的医生来讲，因为看过的病人病例无数，会熟视无睹，容易对病人产生麻木、冷漠的情绪，为了保持自己当时选择医生的热情，他经常要复习自己当时立志做医生的理想，以保持自己高昂的工作热情，而不致懈怠，保持一个医者父母心的热情和积极的工作状态。

青少年朋友，是不是你们也有这样的时候：由于日复一日的单调学习生活，使你们产生倦怠与冷漠？那也向王医生那样复习一下你的理想吧，把倦怠与冷漠清除出去，别忘了我们为什么出发！

在生活中难免遇到不顺利、不愉快的情境，由此而生的愤怒、痛苦、沮丧、焦虑等消极体验是自然的，但是长时间地处于消极情绪支配下，对学习、工作和生活都会产生不良影响。因此，在产生消极情绪后要及时消除，例如，可以寻找适当的场合宣泄自己的不良情绪，如可以到旷野处大喊几声。

全球最大的中文网上书店当当网联合总裁俞渝女士从抛开优厚的工作待遇，到选择留学；从已在纽约落地生根，到毅然回国创业。回首走过的每一步，俞渝说，"青春是一本护照，年轻人要敢闯敢做，只要输得起，就去试试。"她认为自己是个缺乏计划的人，并没有太长远的规划，但注意积累，做一件事前会考虑是否用到前一件事的经验。不同的工作、环境和经历带来的积累，让俞渝今天做"当当"显得游刃有余。"生活是一个不断失败的过程，要想成功，就要承受失败"，俞渝说，"尽量想阳光的事，调整好心态，过去就过去了。"或许正因为良好的心态，在商海的惊涛骇浪中打拼了十多年，却并没有令俞渝记忆犹新的失败。

成功者需要时时清除心田中的杂草，让自己始终保持一种

积极的心态。青少年朋友们，在你的生活中，有没有消极心态呢？看看下面的9种消极心态类型吧！

（1）愤世嫉俗，认为人性丑恶，时常与人为敌，因此缺乏人和。

（2）没有目标，缺乏动力，生活浑浑噩噩，犹如大海浮舟。

（3）缺乏恒心，不晓自律，懒散不振，时时替自己制造借口来逃避责任。

（4）心存侥幸，幻想发财，不愿付出，只求不劳而获。

（5）固执己见，不能容人，没有信誉，社会关系不佳。

（6）自卑懦弱，自我退缩，不敢相信自己的潜能，不肯相信自己的智慧。

（7）或挥霍无度，或吝啬贪婪，对金钱没有正确的看法。

（8）自大虚荣，清高傲慢，喜欢操纵别人，嗜好权利游戏，不能与人分享。

（9）虚伪奸诈，不守信用，以欺骗他人为能事，以蒙蔽别人为雅好。

千万别小看这区区9种消极心态，它可能将你的学习和生活搅得一塌糊涂。不但如此，消极心态会使人看不到未来的希望，进而激发不出动力，甚至会摧毁你的信心，使希望泯灭。消极心态就像慢性毒药，吃了这副药的人会慢慢地变得意志消沉，失去生活动力，离成功就会更加遥远。

青少年朋友们，要让我们的生活更多彩，别忘了必须每日清除心田里的杂草。要常常心怀乐观，如果你光看自己生命中的灰暗面，强调各种可能的困难，那你就会把自己置于滋生杂草的心态中。

海天是我们班的学习委员，各科成绩都很优秀，人长得高大，篮球打得好，回答问题时语言生动、思路开阔，可是平时话不多，也很少笑，和同学们的关系也非常

淡薄。但海天非常信任我，他告诉我，"同学有时说我这个人各色，其实他们并不理解我，他们都说我身在福中不知福。说我学习成绩好，以后上好高中、好大学没问题；身体条件好，球打得好；家庭条件也很好，父母都受过高等教育，非常尊重我。一切都好像无可挑剔，没什么不顺心的，可我自己觉得在学校和家里，不过就是在机械地做事，总问自己这么活着有什么意思呢？没劲！"

青少年朋友们可能也遇到过类似的困惑，其实海天体验到的是一种无形的不适。觉得失望，生活无意义，缺乏一种成长的动机，这是青少年在自我认识方面经常会遇到的问题，具体地说是自我设计的欠缺和自我价值感的淡泊。我给海天讲了一个我看到的小故事，希望他能自己悟出点道理。

一个事业有成的青年，一天在家中招待朋友，由于朋友要在他家里住下，他便到邻居家里借宿。他的邻居是一个双目失明的18岁的大男孩。这么晚了打扰人家他非常抱歉，但那个男孩却为他的到来感到非常愉快，盛情地接待了他。看着他准确无误地为自己准备休息用的用具，他惊诧不已。当一切安排妥当后，四周一片宁静，离开了刚刚的喧嚣，重又回到了长久以来的沉闷心境中。一直以来，他觉得生活索然无味，四处奔波，追逐名利。每天都在奋斗，虽然也有收获，但并不感到快乐。

第二天清晨，他被一阵轻微的响动惊醒，睡在客厅的他看到尽量放轻脚步走出卧室的男孩，那男孩走到窗户前面，扯开窗帘的一面，初升的太阳照着他明亮的笑脸，只听他轻轻地说："真好，太阳出来了！"那声音中满是宁静与满足。青年被眼前的情景震慑了，他走到男孩身边，与其共沐阳光。男孩告诉青年自己也曾经拥有过光明，虽然现在看不到了，但阳光、花草、田野都装在他的心里，

155

他庆幸自己曾经能看到，在黑暗中他一样能感受生活中许许多多的美好事物，哪怕是为别人做了一点点事情都会觉得非常愉快。听了男孩的话，青年似乎懂了：战胜了自己，就能以满腔的热情去迎接新的一天。

海天是个非常聪明的孩子，通过一次次的交流，他告诉我："老师，我明白了，人应该珍惜生命，快乐是需要自己去寻找和体会的。"

我又向海天介绍了马斯洛"自我实现人"的几项特征。

（1）要有责任感和自我献身的精神。人要爱自己的工作，不是说为了达到某种目的才爱。比如学习，不只是为了考大学，而是因为它本身就可以通过这个过程令我们的精神得到满足，获得乐趣。

（2）真心爱别人。无论是对亲人、朋友、老师、同学或者是陌生人，都要有帮助他们的愿望，宽容大度，在给予的同时你将会收获别人回赠的关心、支持、尊重和温暖。

（3）培养幽默感。幽默不是无聊的玩笑和讽刺，而是一种智慧的体现或乐观的人生态度。

以后，我在校园里经常能看到自信并洋溢了生机和快乐的大男孩海天。

一种思想进入心中，就会盘踞成长，如果那是一颗消极的思想种子，就会生出消极的果实。因此，青少年朋友们，让我们在心中多种些积极的种子，收获更丰满的果实和多彩的人生。

青少年朋友们，我们的学习生活是一个由不知到知、由知之不多到知之较多、由肤浅到深刻的发展过程。这个过程是发展的，因为它是无数快乐结果的积累过程。如果只感到学中之苦，我们就会失去青年人应有的活力，而丧失奋斗的信心和勇气；如果只感到学中之苦，我们还能在知识的海洋中乘风破浪，奋勇前行吗？如果只感到学中之苦，人类在改造世界的征途中还能取得今天的成就吗？正是因为我们体会到了学中之乐多于苦，我们才会体会到生命之树常青，才会感到"会当凌绝顶，一览众山小"的快乐。

朋友，学习就像一曲交响乐，不同的人欣赏，会有不同的感觉。让我们以乐观向上的精神状态去欣赏吧！相信你们一定会获得无穷的乐趣。

4. 没有过不去的沟沟坎坎

法国物理学家伦琴小时候学习成绩很好。上中学时，因一次老师误以为他在黑板上画漫画，学校便以不尊重师长的名义把他开除了。伦琴便在家自学。尽管他成绩十分优秀，但仍上不了大学。以后几经挫折与努力，终于进了大学。毕业时，因过去的履历学校拒绝让他当助教。这些坎坷并没有影响伦琴。经过20年的努力，他终于担任德国沃兹堡大学的校长。后来他发现了X光射线，成为第一个获诺贝尔物理学奖的科学界名人。

青少年朋友，让我们做一个假设：假如伦琴被冤枉后自暴自弃，他将会是怎样的？伦琴的成功对你有何启示？我们不妨思考思考。

伦琴遇到的困难恐怕是我们难以想象的，生活中会有误会，也会有困难，其实没有过不去的沟沟坎坎。

一个初二的学生，在上体育课做游戏时，不小心把同学撞倒了。被撞的那位同学骂了她。这个女同学觉得受到了天大的委屈，跑到教室里痛哭不止："我能原谅别人1000次，别人却一次都不原谅我，生活太残酷了。"从此，她变得愁眉苦脸，总觉得生活是不美好的。

想象一下当这位女同学挨骂之后心情是怎样的？如果你遇到这种情况，该怎样安慰自己？

其实，这位女同学仅仅遇到了一件不大的烦心事，便感到

生活是灰色的，这样做有道理吗？世界上有一件事是肯定的，那就是：我们每一个人都会遇到困难和挫折。比如考试不及格或不理想，体育成绩总不达标，做了好事非但得不到表扬反遭嘲讽，与教师、父母或同学产生误会等等。此时的你也许会心烦意乱、灰心丧气或心神不定。人们在实现目标的活动中，遇到了障碍和干扰会产生紧张或消极的情绪反应其实是很正常的事情。

当人们遭受挫折时，可能会引起心理上的苦闷，情绪低落。这是自然会产生的内心体验，很正常。问题是面对这种不良的心境，我们是沉湎其中，还是以积极的生活态度主动地改善自己的境遇？这才是关键。面对困难、挫折，我们如何控制自己的情绪，化消极为积极呢？青少年朋友们不妨试试下面的方法。

（1）语言暗示法

当你为不良情绪所压抑的时候，可以通过言语暗示调整来放松心理上的紧张状态，使不良情绪得到缓解。比如，你在发怒时，可以用言词暗示自己："不要发怒，发怒会把事情办坏的。"陷入忧愁时，提醒自己："忧愁没有用，于事无补，还是面对现实，想想办法吧。"在松弛平静、排除杂念、专心致志的状态下，进行这种自我暗示，对情绪的好转将大有益处。

（2）注意力转移法

注意力转移是把注意力从消极情绪上转移到其他方面去。俄国文豪屠格涅夫劝告那些刚愎自用、喜欢争吵的人，在发言之前，应把舌头在嘴里转10个圈。

（3）自我鼓励法

也就是用生活中的哲理或某些睿智的思想来安慰自己，鼓励自己同痛苦和逆境进行斗争。自我鼓励是人们精神活动的动力源泉之一。一个人在遭受痛苦、打击和身处逆境时，只要能够有效地进行自我鼓励，就会感到有力量，就能在痛苦中振作起来。

（4）社会支持

有时候，不良情绪光靠自己独自调节还不够，还需借助于社会上的其他人的帮助。心理学研究认为，当人的心理处于压抑的状态时，有节制地宣泄，把闷在内心的痛苦倾吐出来，有利于压力的缓解。因此，当年轻人有了苦闷的时候，应该主动找亲人、朋友诉说内心的忧愁，以摆脱不良情绪的干扰。

（5）环境调节法

俗话说触景生情，环境对人的情绪、情感同样起着重要的影响和制约作用。素雅整洁的房间，光线明亮、颜色柔和的环境，使人产生恬静、舒畅的心情。相反，阴暗、狭窄、肮脏的环境，给人带来憋气和不快的情绪。因此，变换生活环境，也能起到调节情绪的作用。当你处于消极情绪时，不妨到公园或野外，看看大自然的美景，能够旷达胸怀，欢娱身心，对于调节人的心理活动有着很好的效果。

小徐是回沪知青子女，父亲为治病带他和母亲来到上海，在一间破旧的临时房里安了家。原先在农村成绩优秀的小徐在上海一下子成了差生，雪上加霜的是手术后的父亲竟再也站不起来了。家庭、学习两副重担一下压在了小徐稚嫩的双肩上。他每天做完功课后就帮母亲挑水，照看车棚以赚些钱贴补家用。尽管如此，他仍然以他的刻苦与勤奋成了某重点中学的优等生。

小徐自强不息的奋斗经历给了我们这样的启示——正视自己的现状，承受人生中的考验，就一定能从自己情绪的阴影中走出来，迎接你的将是美好的前程。

看了前面的小例子和在生活中实用的小方法，在这里再向青少年朋友介绍一种关于调节情绪的心理疗法——理性情绪疗法，简称RET，是美国著名心理学家埃利斯于20世纪50年代在美国创立的一种心理治疗理论与技能，可以作为青少年朋友的一种

更加科学的调节情绪的方法。

埃利斯的基本观点是：人既可以是有理性的、合理的想法，也可能有非理性的、不合理的想法。当人们按照理性去思维、去行动时，他们就会很愉快，富有竞争精神并行动有效。而不合理的、不合逻辑的思维则会造成情绪上或心理上的困扰。

不合理信念

非理性信念的共同特征：绝对化、概括化、糟糕至极。

○每一个人都应该得到自己生活环境中对于自己很重要的人的喜爱和赞许。

○一个人必须能力十足，在各方面都有成就，这样的人才是有价值的。

○有些人是卑劣的、恶性的；为了他们的恶性，他们应该受到严厉的责备与惩罚。

○假如发生的事情不是自己所喜欢或期待的，那么它是很糟糕的，很可怕的。事情应该是自己所喜欢和期待的样子。

○人的不快乐是外在因素引起的，一个人很少有或根本没有能力控制自己的忧伤和烦恼。

○一个人对于危险或可怕的事情应该非常挂心，而且应该随时顾虑到它可能发生。

○逃避困难、挑战与责任要比面对它们容易。

○一个人的过去对他目前的行为是极重要的决定因素，因为某事曾影响一个人，他应该继续，甚至永远具有同样的影响效果。

○一个人碰到种种问题，应该都有一个正确、妥当及完善的解决途径；如果一个人无法找到完善的解答，那将

合理的信念

○我并不是生活中唯一承担痛苦的人，其实生活中每一个人都会有这样或那样的痛苦和忧虑。"谁的生活没有补丁"。

○我并不像我以前想象的那么无助，我和别人一样拥有许多可利用的社会资源。

○我并不一定要每一个人都喜欢我、夸奖我，这实际上是任何人都做不到的。

○我并不是一无是处，我也有很多他人欣赏的地方，我比以前认为的可爱得多。

○要改变自己的行为必须付出努力。即使前途坎坷，但我仍抱有希望。

埃利斯常引用古希腊哲学家埃皮克迪特斯的一句名言来阐述自己的观点："人不是被事情本身所困扰，而是被自己对事情的看法所困扰。"正如黑暗并不可怕，可怕的是我们对黑暗的恐惧。

为了帮助大家理解艾利斯的理论，我们一起来看两个故事。

故事一：有一个小男孩，一次长跑比赛回到家里，父亲看到他很高兴，马上就问：你是不是得了第一名？他说：没有啊，我得了第二名。父亲很生气，呵斥道：得了第二名有什么好高兴的。你知道小男孩怎么说？他说：爸爸，你知道吗？那个第一名不知道被我追得有多惨！

这就是那个小孩的心态。他看重的是跑步的过程，虽然他只得了第二名，但他很快乐。这个快乐不是比赛结果——第二名引发的，而是孩子的看法引起的——第一名被我追得多惨！而爸

161

爸生气是因为他看重比赛的结果。同样一场比赛，引来两种结局：爸爸生气、儿子高兴。

故事二：从前，有两个秀才一起进京赶考，路上遇到一支出殡的队伍。看到那口黑乎乎的棺材，其中一个秀才心里立即"咯噔"一下，心想：完了，真是触霉头，赶考的日子居然碰到这个倒霉的棺材。于是，心情一落万丈，走进考场，那个"黑乎乎的棺材"一直挥之不去，结果文思枯竭，果然名落孙山。

另一个秀才也同时看到了，一开始心里也"咯噔"了一下，但转念一想：棺材、棺材，噢！那不就是有"官"又有"财"吗？好，好兆头！看来今天我要红运当头了，一定高中。于是十分兴奋，情绪高涨，走进考场，文思如泉涌，果然一举高中。

回到家里，两人都对家人说：那棺材真的好灵验。

在现实生活中，我们也常常碰到与此相类似而结果不同的事，如高考落榜，有的人就自暴自弃、一蹶不振，有的人则能自学成才；学习不好，有的人怨父母、怨环境、怨天尤人，有的人则能客观分析各种因素，找出原因，加以改进。

真正决定事物结果的并非该事物本身，而是我们自己对该事物的看法、评价与解释。

那么，我们要改变不良的结果和命运，就首先要改变我们自己的错误信念和认知。如：

不要扩大事态

如果你做一件事失败了，不要说："所有事都难做，以后还是不做好了。"你要对自己说："这一件事失败了。我学到了些什么呢？我下一次应该怎样才能避免犯同样的错

误呢?"

不要"人"与"事"混淆

当一件事失败的时候,不要说:"我是失败者。"这样你便将"事"与"人"混淆了。你要对自己说:"我做这件事总有不当的地方,才出了这么大的错。我下次该怎样做才适当?"

不要夸大时间

当有不如意时,切勿就对自己说:"我时时都是倒运的。"这是不可能的!你要对自己说:"似乎很多时候我做事都不大如意,到底原委何在?"

希望下面的一段话能带给大家一些理性思考:

你可能无法改变风向,但至少可以调整风帆;

你可能无法左右事情,但至少可以调整自己的心情;

你不能延长生命的长度,但你能拓展它的宽度;

你不能改变自己的容貌,但你能时时展现笑容;

你不能期望控制他人,但你可以好好掌握自己;

你不能全然预知明天,但你能充分利用今天;

你不能事事要求顺利,但你可以事事尽心尽力。

◎ 挖掘自身的潜能

1. 身体中的神奇潜能

我们不是超人,没有神奇的魔力,但我们有巨大的潜能,它能带给我们神奇的魔力!朋友们,我们身体中究竟有多少可供

发展的潜能呢？让我们从人类身上发生的一些奇妙的事情中看看吧。

一位已被医生确定为残疾的美国人，名叫迈克，靠轮椅代步已20年。他的身体原本很健康，他赴越南打仗，被流弹打伤了背部的下半截，被送回美国治疗，经过治疗他虽然康复，却没法行走了。

他整天坐轮椅，觉得此生已经完结，有时就借酒消愁。有一天，他从酒馆出来，照常坐轮椅回家，却碰上三个劫匪动手抢他的钱包。他拼命呐喊、拼命反抗，激怒了劫匪，他们竟然放火烧他的轮椅。轮椅突然着火，强烈求生的欲望使迈克竟然忘记了自己的双腿不能行走，他拼命地逃走，竟然一口气跑了一条街。事后，迈克说："如果当时我不逃走，就必然被烧伤，甚至被烧死。我忘了一切，一跃而起，拼命逃走。以致停下脚步，才发现自己能走动了。"现在他已经在纽约找到了一份工作，他的身体已经恢复健康，能够与正常人一样行走了。

青少年朋友们，这多像是神奇的魔法啊！你信吗？还有更奇妙的事情。

一位农夫在粮仓面前注视着一辆轻型卡车快速开过他的土地。他的14岁的儿子正在开着这辆车。由于年纪还小，他还不能考驾驶执照，但是他对汽车很着迷，似乎已经能够操作一辆车子，因此农夫准许他在农场里开这辆客货两用车，但是不准上外面的路。但是突然间，农夫眼看着汽车翻到了水沟里。他大为惊慌，急忙跑到出事地点。他看到沟里有水，而他的儿子被压在车子下面，躺在那里，只有头的一部分露出水面。

根据报纸上所说，这位农夫并不很高大，他170厘米

高、70千克重，但是他毫不犹豫地跳进水沟，把双手伸到车下，把车子抬了起来，以便让另一位跑来援助的工人把那失去知觉的孩子从下面拽出来。

当地医生很快赶来了，给孩子检查了一遍，只有一点皮肉伤，其他毫无损伤。这个时候，农夫却开始觉得奇怪起来了。刚才去抬车子的时候根本来不及想一下自己是否抬得动，出于好奇他就再试了一下，结果根本就抬不动那辆车子了。

这就是我们身体中奇妙的潜能。

人本主义心理学家马斯洛研究了人所具有的巨大潜能，认为每个人身上的潜能都比他们平时表现的能力要大得多。人所具有的潜能犹如一座等待开发的金矿，蕴藏无穷，价值无限，只是没有被发现，没有得到淋漓尽致的挖掘。大多数人并非命中注定不能够成功，只要不断挖掘我们身上蕴藏的潜能，任何一个平凡的人，都能够成就一番惊天动地的伟业，都可以成为一个优秀的领航者。

科学家发现，人类贮存在脑内的能量大得惊人。人平常只发挥了极少的大脑功能，现在大部分人所表现出的才能远远低于自己的所有才能。任何成功者都不是天生的，成功的根本原因是成功者开发了自己的无穷无尽的潜能。青少年朋友们，只要你有信心去挖掘、开发你的潜能，你就会有更多的能量，你的能力就会越用越强。相反，如果你抱着消极心态，不去开发自己的潜能，那么只有叹息命运不公，并且还会越来越无能！

2. 自信心的魔力

1968年，美国心理学家罗森塔尔和助手们来到一所小学，说是要进行7项试验。他们从1~6年级各选了3个班级，对18个班的学生进行了"未来发展趋势测验"。之

后，罗森塔尔以赞赏的口吻将一份"最有发展前途者"的名单交给校长和相关老师，并叮嘱务必保密，以免影响实验的正确性。其实，罗森塔尔撒了一个"权威性谎言"，名单上的学生是随意挑选出来的。8个月后，罗森塔尔等人对这些学生进行复试，结果奇迹出现了：凡是上了名单的学生，个个成绩有了较大的进步，且性格活泼开朗，自信心强，求知欲旺盛，更乐于和别人打交道。

显然，名单对老师产生了暗示，左右了老师对名单上的学生的能力评价，而老师又将自己的这一心理活动通过自己的情感、语言和行为感染学生，使这些学生变得更加自尊、自爱、自信、自强，从而使他们的各个方面都得到了异乎寻常的进步。

人们把这种由他人的期望和热爱，使自身的行为发生与期望趋于一致的变化，称为"罗森塔尔效应"。

一个人只要有自信，就能成为自己希望成为的那种人。自信心是我们发挥自身潜能的高效催化剂！但一个人凭什么自信呢？有人说，自信来源于成功的暗示，也就是说，某项重任或创新一旦成功了，这个人就会自信。然而，此话虽不无道理，却仍没有道出自信的根本依据。

有一次，心理学家从一班大学生中挑出一个最愚笨、最不招人喜爱的姑娘，并要求她的同学们改变以往对她的看法。在一段时间里，大家都争先恐后地照顾这位姑娘，向她献殷勤，陪送她回家，大家以假作真地打心里认定她是位漂亮聪慧的姑娘。结果怎样呢？不到一年，这位姑娘出落得很漂亮，连她的举止也跟以前判若两人。她自豪地对人们说她"获得了新生"。

确实，她并没有变成另一个人——然而在她的身上却展现出每一个人都蕴藏的美，这种美只有在我们相信自己，周围的所有人也都相信我们、爱护我们的时候才会展现出来。

一个人在做某件事，尤其是在担当重任或大胆创新之前、之中，就需要自信，也应当自信，而不是只有在成功之后才能自信。在我们做事情的过程中充满自信，就一定能取得最出色的成绩。

有一个人，他把全部财产投资在一种小型制造业上。由于世界大战爆发，他无法取得他的工厂所需要的原料，因此只好宣告破产。金钱的丧失，使他大为沮丧。于是，他离开妻子儿女，成为一名流浪汉。他对于这些损失无法忘怀，而且越来越难过，甚至想用跳湖自杀来结束自己的生命。

一个偶然的机会，他看到了一本名为《自信心》的小册子。这本书给他带来勇气和希望，他决定找到这本书的作者，请这位作者帮助他再度站起来。

当他找到作者，说完自己的故事后，那位作者却对他说："我已经以极大的兴趣听完了你的故事，我希望我能对你有所帮助，但事实上，我却绝无能力帮助你。"

他的脸立刻变得苍白。他低下头，喃喃地说道："这下子完蛋了。"作者停了几秒钟，然后说道："虽然我没有办法帮助你，但我可以介绍你去见一个人，他可以协助你东山再起。"刚听完这几句话，流浪汉立刻跳了起来，抓住作者的手，说道："看在老天爷的份上，请带我去见这个人。"

于是，作者把他带到一面高大的镜子面前，用手指着镜子说："我介绍的就是这个人。在这个世界上，只有这个人能够使你东山再起。除非坐下来，彻底认识这个人，否则，你只能跳到密歇根湖里。因为在你对这个人作充分的认识之前，对于你自己或这个世界来说，你都将是个没

有任何价值的废物。"

流浪汉朝着镜子向前走几步，用手摸摸他长满胡须的脸孔，对着镜子里的人从头到脚打量了几分钟，然后退几步，低下头，开始哭泣起来。

几天后，作者在街上碰见了这个人，几乎认不出来了。他的步伐轻快有力，头抬得高高的。他从头到脚打扮一新，看上去是很成功的样子。"那一天我离开你的办公室时，还只是一个流浪汉。我对着镜子找到了我的自信。现在我找到了一份月薪3000美元的工作。我的老板先预支了一部分钱给我。我现在又走上成功之路了。"他还风趣地对作者说："我正要前去告诉你，将来有一天，我还要再去拜访你一次。我将带一张支票，签好字，收款人是你，金额是空白的，由你填上数字。因为是你介绍我认识了自己，幸好你要我站在那面大镜子前，把真正的我指给我看。"

那人说完后，转身走入芝加哥拥挤的街道。这时，作者又一次感慨：在从来不曾发现"信心"价值的那些人的意识中，隐藏了巨大的潜能。

世界上，除了信心之外，还有其他的力量能做成这样的事吗？

有了信心，成功有了可能，但还缺点什么呢？恐怕还需要青少年朋友们不懈地努力，才能到达自己的理想王国。

看了上面几个有趣的小故事，恐怕青少年朋友最关心的还是如何建立自信心，下面这几种简单可行的方法，青少年朋友们不妨尝试一下。

（1）挑前面的位子坐

同学们是否注意到，在室内的各种聚会中，后排的座位是

最早被占满的。大部分占据后排座的人，都希望自己不会太显眼。而他们怕受人瞩目的原因就是缺乏信心。试着想一想，坐在教室的最前面，你是不是听讲更加专心了？与老师的沟通和交流也更多了？同时对自己也要有更高一些的要求，因为自己坐在最前面，老师和后面同学的眼睛都看着自己呢！

坐在前面能建立信心。把它当作一个规则试试看，从现在开始就尽量往前坐。当然，坐前面会比较显眼，但要记住，有关成功的一切都是显眼的。

（2） 练习正视别人

一个人的眼神可以透露出许多有关他的信息。在交往中对方不正视你的时候，你会想：他想要隐藏什么呢？他怕什么呢？他会对我不利吗？不正视别人通常意味着：在你旁边我感到很自卑；我感到不如你；我怕你。躲避别人的眼神意味着：我有罪恶感；我做了或想到什么我不希望你知道的事；我怕一接触你的眼神，你就会看穿我。这都是一些不好的信息。正视别人等于告诉他人：我很诚实，而且光明正大。我告诉你的话都是真的，毫不心虚。

（3） 把你走路的速度加快25％

当大卫·史华兹还是少年时，到镇中心去是他很大的乐趣。在办完所有的差事坐进汽车后，母亲常常会说："大卫，我们坐一会儿，看看过路行人。"

母亲是位绝妙的观察家。她会说："看那个家伙，你认为他正受着什么困扰呢？"或者"你认为那边的女士要去做什么呢？"或者"看看那个人，他似乎有点迷惘。"观察人们走路实在是一种乐趣。这比看电影便宜得多，也更有启发性。

许多心理学家将懒散的姿势、缓慢的步伐与对自己、对工作以及对别人的不愉快的感受联系在一起。但是心理学家也告诉我们，借着改变姿势与速度，可以改变心理状态。你若仔细观察

就会发现，身体的动作是心灵活动的结果。那些遭受打击、被排斥的人，走路都拖拖拉拉，完全没有自信心。使用这种"走快25%"的技术，抬头挺胸走快一点，你就会感到自信心在滋长。

（4）练习当众发言

你多发言，就会增加信心，下次也更容易发言。因此，要找机会多发言，这是信心的"维生素"。美国成功学家之父拿破仑·希尔指出：有很多思路敏锐、天资高的人，却无法发挥他们的长处参与讨论。并不是他们不想参与，而只是因为他们缺少信心。

在课堂中沉默寡言的人都认为：我的意见可能没有价值，如果说出来，别人可能会觉得很愚蠢，我最好什么也不说。而且，其他人可能都比我懂得多，我并不想让别人知道我是这么无知。这些人常常会对自己许下很渺茫的诺言：等下一次再发言。可是他们很清楚自己是无法实现这个诺言的。每次这些沉默寡言的人不发言时，他就又中了一次缺少信心的毒素，他会愈来愈丧失自信。

（5）咧嘴大笑

大部分人都知道笑能给自己很实际的推动力，它是医治信心不足的良药。但是仍有许多人不相信这一套，因为在他们恐惧时，从不试着笑一下。真正的笑不但能治愈自己的不良情绪，还能马上化解别人的敌对情绪。如果你真诚地向一个人展颜微笑，他实在无法再对你生气。拿破仑·希尔讲了一个自己的亲身经历：

有一天，我的车停在十字路口的红灯前，突然"砰"的一声，原来是后面那辆车的驾驶员的脚滑开刹车器，他的车撞了我车后的保险杠。我从后视镜看到他下来，也跟着下车，准备痛骂他一顿。

但是很幸运，我还来不及发作，他就走过来对我笑，

并以最诚挚的语调对我说：朋友，我实在不是有意的。他的笑容和真诚的说明把我融化了。我只有低声说：没关系，这种事经常发生。转眼间，我的敌意变成了友善。

咧嘴大笑，你会觉得美好的日子又来了。笑就要笑得痛快，半笑不笑是没有什么用的，要露齿大笑才能有功效。我们常听到：是的，但是当我害怕或愤怒时，就是不想笑。当然，这时任何人都笑不出来。窍门就在于你强迫自己说：我要开始笑了。然后，笑。要控制、运用笑的能力。

坐到最前面，正视别人，当众表示自己的态度，微笑待人，还有什么比这样的人更具有魅力呢？当然让青少年朋友充满信心地面对学习和生活，还需要我们不断地挖掘潜能自我完善，其实自己就是一座具有丰富潜能的金矿！

3. 放松自我，拓展潜能

有了信心这个发挥潜能的高效催化剂，青少年朋友们还要有一个轻松的学习状态，在这里向大家介绍一种有效的循序式肌肉放松法。初步的肌肉放松运动并不难学，跟着下列的要点练习大约一星期，就可以掌握放松的要诀。

循序式肌肉放松法

一次放松训练需要30分钟时间。安排一个宁静而最好是黑暗的房间，内有一张舒适的床或沙发。穿着宽松的衣服（如睡衣），或将自己的紧身衣裤解松，然后躺在床或沙发上。

深呼吸3下，每一次吸气之后，尽可能忍住不呼出，并全身紧绷，然后握紧拳头，这一过程让你体会到紧张的感觉。在每一次忍受不住时，再将气缓缓呼出，尽量引导自己有"如释重负"之感。这一过程会让你体会到松弛的感

觉。尽量感受紧张的不适感觉与松弛的舒适感的强烈对比和两手松弛的妙处。

按身体部位逐一放松，依次是手指及手掌、前臂、手臂、头皮、前额、眼、耳、鼻、口、下颚、颈、脖、背、前胸、后腰、肚、臀、耻骨，以及大腿、膝、小腿、脚及脚趾。你依照这些部位的秩序，发布以下的指令：放松，松弛，我现在感到非常舒畅。我现在是非常的松弛，我明显感觉这部位有一种沉重而舒服的感觉。

在向自己发布这些命令的同时，你要尽量体验全身松弛的感受。当完成手指到脚趾松弛的过程后，想象一股暖流，由头顶缓缓地流向你的脖子、胸、肚、腿以及脚尖。这暖流带来的舒适感，会大大地加深全身的松弛程度。

静静地躺在床上或沙发上，尽情享受这难得的松弛，体会这状态的美好。

由手至脚整个逐步放松的过程大约需6~7分钟。如果你在不到6分钟的时间内完成，那说明你还未能达到松弛状态。

除了上面向大家介绍的放松方法，不断进行积极的自我暗示会产生强烈的心理优势，并引导潜在的动机产生行为。积极的带有成功意识的暗示会让你较少利用意志力，在自发心理中实现自己的目标。但在学习自我暗示时，要牢记以下5个要诀。

积极的自我暗示要诀

简捷。你默念的句子要简单有力。例如：考试前从发卷子到开始答题的时候可能是你最容易紧张的时候，用这个时间，在心中默念"我已经做了最充分的考前复习，按照自己的正常发挥我是能够取得好成绩的"等等这样的暗

示在考试前和面临重大事件时尤其有效。

积极。这一点极为重要，如果你说："我不要学习不好"，虽未言"学习不好"，但这种消极的语言会将"学习不好"的观念印在你的潜意识里。因此，你要正面地说"我的学习将有更大进步"。

信念。你的句子要有可行性，以避免与心理产生矛盾与抗拒。如果你觉得"我会在今年内考到年级前10名"是不太可能的话，选择一个你能够接受的目标。例如："我会在今年内考到年级前100名。"

想象。默诵或朗诵自己定下的语句时，要在脑海里清晰地形成表象。

感情。想象自己健康，你要有浑身是劲的感觉；想象自己成功，你要有丰富的人生感受。拿破仑·希尔博士曾指出：当你朗诵（或默诵）你的套句时，要把感情灌注进去，否则光嘴里念是不会有结果的。你的潜意识是依靠思想和感受的协调去动作的。

现代人常说认不清自己，不了解自己，那么如何挑战自我、超越自我？我们也不妨试试拓展训练。我们国家许多城市都有青少年的拓展训练基地。

　　1995年，风靡世界达半个世纪的体验式培训被引进中国。户外体验式培训又被称为拓展训练。户外体验式培训对企业而言是一种全新的综合培训模式。在培训过程中，通过户外的培训项目，使学员感受人与人、人与集体、人与自然之间的关系，发现自我潜在的能力，体验克服困难的愉悦，培养积极的人生态度和出色的团队精神。"你所拥有的超过你所意识到的"，这也是体验教育的主旨。训练通过创造一种独特的氛围，让人们不必经历真实的艰险、自我怀疑、厌倦、受嘲笑等痛苦过程，就能领悟和发现真知，认识自己、了解别人以及人类一些更为深层的智能。

　　自信、互信是战胜自我的源泉。在"背摔"这个项目中，自信和相互信任是完成这一项目的基本条件。站在近两米高的背摔台上向后倒下去，首先就必须自信，敢去做；其次，相互信任更为重要。当你听到"请首长放心"的口号时，心里会增加无穷的力量和信心，使自己毫不迟疑地把自己交给其他队员，这表现了对其他队员的高度的信任感。有了这种信任感，学员的每一项工作也会做得更出色。

　　你是不是通过上面的内容对拓展训练有了一点了解、有了一点兴趣，让我们看看更多朋友对拓展训练的心得吧！

　　"参加这次拓展训练就是让我们从小游戏中学到大道理，其中最重要的就是自信、团结协作和换位思考。"

　　"自信，让我更懂自己。世上无难事，没有什么不可能完成的任务。人最大的敌人就是自己，战胜自己就是取得成功的第一步！"

　　"团结协作。无论哪个物种，能在地球上生存至今，一定是以一个群体的形式保留下来的。生活中成龙式的个

174

人英雄主义只是好莱坞电影的卖点，现实中需要团队的合作及团队的成功。只有国家强盛了，国人才能真正受到全世界的尊敬。"

"换位思考、多替别人想想"这句话很多人都知道，但是能做到的人不多。拓展训练提供给我们这样换位思考的机会，让我们觉得彼此之间都不容易，"理解万岁"吧！

生活中的拓展每天都在继续。拓展让每个人的感触颇多，愿点点滴滴融入我们的观念之中。飞跃是一种成就，积累是一种沉淀。心在，故人在！行者无疆！

有的青少年朋友说，为什么上帝这么不公平，要给我这么多的磨难？其实上帝是最公平的，只看你如何对待人生中的种种磨难，"不在磨难中奋起，就在磨难中灭亡"！充满信心地面对生活中的种种挑战，放松自我，发挥出自己最大的潜能，无论结果如何，你都是最优秀的。

在非洲大草原的奥兰治河两岸，生活着许多羚羊。动物学家发现，东岸的羚羊繁殖能力比西岸的强，奔跑速度也比西岸的快。对这些差异，动物学家百思不得其解，因为这些羚羊的生存环境是相同的。于是，他们在两岸各捉了10只羚羊，然后分别把它们送到对岸。一年后，由东岸送到西岸的羚羊繁殖到了14只，而由西岸送到东岸的羚羊只剩下3只……

这个结果是因为在东岸羚羊的生存范围附近生活着一群狼。面对这样的生存挑战，东岸的羚羊必须使自己强健起来，才能适应环境，求得自己的生存和发展。

大自然中的这一现象在人类社会中同样存在。苟安者弱，拼搏者强。人生当自强。这就是这个故事给我们说明的道理。

◎ 坚定理想，超越自我，出发！

认识自我、悦纳自我是为了塑造自我、超越自我。超越自我就是超越现实自我而成为理想自我的过程。"自我"是在超越自我的过程中不断发展完善的。

人生在世，我们最大的竞争对手可能不是来自外部，而是来自我们本身。

我们犹犹豫豫，畏缩不前，因为我们害怕失败；我们满足现状，因为我们忘记了自己曾经拥有的理想和追求；我们不敢直面现状，甚至自我欺骗，因为我们丧失了战斗的勇气和力量，我们迷失了自我。

青少年朋友，你们听说过鹰的故事吗？

老鹰是世界上寿命最长的鸟类，它的一生可长达70年，要活那么长的时间，老鹰在40岁时必须做出困难却重要的决定——重新获得新生。

因为当老鹰活到40岁时，由于在高空中飞翔、在荒野中抓捕猎物，它那尖利的爪子开始老化，不能快速地抓到猎物；它的喙上也已经结上了一层又长又弯的茧，几乎碰到胸膛；它的翅膀变得十分沉重，羽毛长得又浓又厚使得飞翔十分吃力。它只有两种选择：等死或是经过一个痛苦的更新过程。

鹰会选择一个除了自己任何鸟兽都上不去的陡峭悬崖，然后用150天做漫长的操练：在岩石上连血带肉地磨砺掉旧喙，等新喙长出。再用新喙把老趾甲一个个拔掉，等新趾甲长出。再用新趾甲把旧羽毛扯掉。等到新的羽毛重新长出来时，才可以重新飞翔。只有经过这一系列残酷的

更新，鹰可以再一次在蓝天飞翔，并再收获30年的生命。

青少年朋友们，是雄鹰就要搏击长空，是21世纪的青年就应该挑战自我、超越自我。"劝君莫惜金缕衣，劝君须惜少年时"。我们只有不断努力，丰富自己的知识，增长自己的才干，才能创造辉煌灿烂的明天。

明确的目标，详细的行动计划，构成了我们生活的指南。

1. 目标成就梦想

目标是我们生活的动力，目标是我们生命中的舵。

维特利博士说："对生活挑战的回答，是前进的目标，它是治愈我们每个身处逆境者痛苦的灵丹妙药。有生命就有希望，有希望就有梦想。生动反复的梦想，最终成了目标。"

一支远征军正在穿过一片白茫茫的雪域，突然，一个士兵痛苦地捂住双眼："上帝啊！我什么也看不见了！"没过多久，几乎所有的士兵都患上了这种怪病。

这件事在军事界掀起了轩然大波，直到后来才真相大白——原来致使那么多军人失明的罪魁祸首居然是由于他们的眼睛不知疲倦地搜索世界，从一个落点到另一个落点。如果连续搜索世界而找不到任何一个落点，眼睛就会因过度紧张而导致失明。

在一片白茫茫的雪域中，士兵由于找不到一个确定的目标，而导致眼睛失明。

人生也是这样，目标太多等于没有目标，没有目标，人生也就一片黑暗。一辆没有方向盘的超级跑车，即使有最强劲的发动机，但跑得再远，也会失去方向。

有一个实例告诉我们，一个人若看不到自己的目标，就会有怎样的结果。

1952年7月4日清晨，加利福尼亚海岸笼罩在浓雾中。

177

在海岸以西21英里的卡塔林纳岛上，一个34岁的女人涉水进入太平洋中，开始向加州海岸游去。要是成功了，她就是第一个游过这个海峡的妇女。这名妇女叫佛罗伦丝·查德威克。在此之前，她是从英法两边海岸游过英吉利海峡的第一个妇女。

那天早晨，海水冻得她身体发麻，雾很大，她连护送她的船都几乎看不到。时间一小时一小时地过去，千千万万人在电视上注视着她。有几次，鲨鱼靠近了她，被人开枪吓跑了，她仍然在游。在以往这类渡海游泳中她的最大问题不是疲劳，而是刺骨的水温。

15个钟头之后，她被冰冷的海水冻得浑身发麻。她知道自己不能再游了，就叫人拉她上船。她的母亲和教练在另一条船上。他们告诉她海岸很近了，叫她不要放弃。但她朝加州海岸望去，除了浓雾什么也看不到。

几十分钟之后——从她出发算起15小时55分钟之后，人们把她拉上了船。又过了几个小时，她渐渐觉得暖和多了，这时却开始感到失败的打击。她不假思索地对记者说："说实在的，我不是为自己找借口。如果当时我看见陆地，也许我能坚持下来。"

人们拉她上船的地点，离加州海岸只有半英里！后来她说，真正令她半途而废的不是疲劳，也不是寒冷，而是因为在浓雾中看不到目标。查德威克小姐一生中就只有这一次没有坚持到底。当然在两个月之后，她成功地游过了同一个海峡。她不但是第一位游过卡塔林纳海峡的女性，而且比男子的纪录还快了大约两个小时。

查德威克虽然是个游泳好手，但也需要看见目标，才能鼓足干劲完成她有能力完成的任务。你的目标是什么？有目标的生

178

活充实而快乐，繁重的学习也会让你觉得愉快。青少年朋友，给自己制定一个人生目标吧！为实现它而终生奋斗，你一定会有美好的人生。当你晚年回首往事时，你会发现，你的人生充实而有意义，你不会因虚度年华而悔恨，也不会为过去的碌碌无为而羞愧。

你期望自己怎样生活在这个世界上，未来成为一个什么样的人？你最想得到的是什么？青少年朋友们，革命家周恩来在南开中学读书时，就树立了"为中华的崛起而读书"的目标，成就了他一生不朽的盖世之功。你们会说，那是伟人，是人类中的凤毛麟角，对我们来说，可敬不可及。那好，今天我向你们讲讲我和我身边寻常人的寻常故事，看看目标对人生有多么重要。

半个世纪前，一位13岁的哈尔滨小姑娘，离开数千里的家乡和亲人，只身来到北京，就读于一所普通中学。她进京的学习目的特别明确——将来考上最好的医学院，当一名好医生，医治父亲的病痛。当她看到同桌学友在疾病的痛苦中煎熬时，纯真地说："等我当了医生，一定给你治好病。"时至今日，这位同桌谈起她50年前真诚、幼稚的许诺，眼睛里仍含着泪花。

因为家境贫寒，这位哈尔滨的小姑娘常常寒、暑假都不能回家，有几个春节都是在北京同学家里度过的。没有了父母的监督，自由了，她是不是就可以使劲地玩了？那可不是。她小小年纪特自觉，学习态度踏实、认真，对自己的要求也特别的严格。她给自己确立的标准是：无论平时的课堂提问、大小测验，还是期终考试，均要达到5分，否则她就要反思自己，甚至连音乐、体育、美术课的成绩都必须优秀，这就是她的性格。她对待任何课程都一丝不苟，牢固地掌握知识，达到成绩最优。

记得生物课上，需要解剖鲫鱼，胆小的她不敢动刀

子。那时候，我们的许多老师都是知道学生的理想和志向的。老师亲切地对她说："你不是想当医生吗？你现在连鱼都不敢解剖，将来当外科医生，怎么给病人动手术呢！"她战战兢兢地拿起小刀去拉鱼肚子，一不小心，鱼从手里滑脱了。淌着鲜血的鱼在解剖台上乱蹦乱跳。这位一见血就恐惧的小姑娘，犹豫了一下儿，又毅然地抓起那条受了重伤、尚未断气的鱼，又一刀一刀地拉着，终于拉开了鱼肚子，露出了鱼的内脏。就这样，内心明确的目标——理想、志向，激励这位少女克服了恐惧心理，第一次成功地解剖了鱼。

她以最优秀的成绩，获得金质奖章，被保送上了高中。

后来，她依然几年如一日地保持刻苦学习的状态，她的作息时间总是安排得紧紧的，该学习时，一坐下来，就耳不旁听，目不旁视。该锻炼时，操场上也常看到她健美的身姿，曾经是学校体操队员的她，参加过区里的比赛，拿过名次；她也曾经是北京市少年宫的舞蹈队员，舞台上经常看得见她的优美的舞姿、听得到她领唱时柔美的歌声。有人认为她完全有条件报考艺术院校，但是她目标明确，心如止水：我还是要当医生。

当时，有个别同学对她刻苦的学习劲头不以为然："她那成绩是靠拼命得来的，你看人家张某，玩着就学得挺棒，那才叫真本领呢！"青少年朋友，你们看，50年前和现在一样，对待学习特别刻苦、成绩优秀的同学，也有嫉妒、说风凉话的。对这些，她泰然自若，依然义无反顾地走自己的路。言为心志，当时她总爱说的一句话是："我要考最好的医学院，将来当医生。自己不努力，考不上谁管？"

后来，她终于以优异的成绩，如愿以偿地被北京医学院录取。几年的刻苦学习，她依然优秀。毕业后，又被选拔从军，为部队军人服务。由于工作负责、业务出色，受到患者的好评，我就曾经在天津的报纸上看到过她的事迹，那是患者写给她的表扬信。她早已晋升为主任医生，成为医学专家。这就是天津254医院的医生、我的学友王秀婷主任——我国千千万万、默默无闻，又作出巨大贡献的专家之一。

青少年朋友该说了，从王医生的经历我们懂了有志者事竟成，一个人年少时树立起生活目标——有理想、有志向对成就一生的事业多么重要。可是，你只谈别人你自己一生都没有生活目标，却劝告我们确立理想、志向，那不成了"手电筒"，只照别人，照不着自己了吗？好！我向青少年朋友"坦白"，谈谈我自己的目标——我的理想、志向是怎么形成的，以及它对我的成长、对我一生的影响。

青少年朋友，你们听说过"抓周"的游戏吗？当婴儿长到一周岁时，大人们会在孩子面前放上碗筷、衣服、胭脂、纸笔等生活用品，让小孩子去抓。据说，孩子抓到什么东西，就意味着将来喜欢干什么事情。我多次听父亲说，"抓周"时，我抓起一支笔，拿在手里把玩了好半天，不肯放下。见到此景，父亲大喜，说：咱家要出文化人了。

我的家境十分贫寒，家里常常等米下锅，祖祖辈辈没有读书的人。父亲是家中唯一的男孩，才读了小学四年级就辍学了。半个世纪前，我的父亲倒不重男轻女，虽然我是个女孩儿，因为"抓周"抓了支笔，父亲就格外地疼爱我，对我的期望特别高。当时经常挂在父亲嘴边上的一句话就是："只要你好好读书，我就是'砸锅卖铁'也供

你。"在这样贫寒的家中成长的我，唯一的渴望就是读书。

　　新中国成立前半年，在解放北京的隆隆炮声中，我开始了学生生涯。对教授我知识、让我懂道理的老师，我由衷地敬仰、尊重和崇拜。在我幼小的心灵中，教师是天底下最有知识、学问，品德最高尚的人。四五十年过去了，我的许多老师的音容笑貌，至今仍历历在目。其中最难忘的是有着一双目光炯炯的眼睛、能够穿透人心灵的杨老师。她言语简洁明快，动作利落干练，为了她热爱的学生、热爱的教育事业终生未嫁。还有面带温柔笑容的周含苓老师，据说是周总理的侄女，她把化学反应方程式都画成有条理的表格，让我这个一见方程式就头痛的学生一目了然。她还是人民代表，社会工作特别忙，一个"镜头"深深地烙在我的脑海里：中午伏案在桌，一边吃着饭，一边认真地判学生的作业。作为她的学生，我在学习上面稍有偷懒的念头，都觉得汗颜……

　　榜样的力量是无穷的。他们的行为对我后来立志当教师、如何当教师都起到了"润物细无声"的影响。

　　最最不能让我忘记的是，临近初中毕业，每个学生都面临着是考高中还是考中专、中师的抉择。我有把握考上高中，因为初中毕业时，我获得了银质奖章，功课还不错。可是，作为家庭困难生的我，如果考中专、中师，3年后就可以帮助父亲养家了。在极度矛盾之中，我还是准备报考中专或中师。我的班主任宋金真老师，这位新中国成立前的地下共产党人知道了我的打算时找到我，语重心长地对我说："困难是暂时的，国家不会放弃家境困难学生的。少年应该志向远大，你应该报考高中，继续上大学深造，将来对国家、对人民的贡献会更大，你也会更有前

途。"在她的鼓励下，我考入了高中。

宋老师的一席话，让我刻骨铭心，因为它改变了我的人生轨迹。

我立志从教还要感激初中的作文训练。那时每学期都要做八九篇作文。初中时，有关"我的理想"的题目，就写了好几次。写什么好呢？老师是我最熟悉的，就写老师吧！起初就是为了完成作文，动情地写了几次以后，我竟真的热爱上了教师这个职业。

上高中后，我的红领巾还没摘，就接受了中队辅导员的社会工作——当初中一年级小妹妹们的"二老师"。在与这帮活泼可爱又调皮的小妹妹们共同生活的一年里，她们让我尝遍了酸甜苦辣。她们聪明、活泼、热情高，她们出的点子，能让你高兴得喜笑颜开。这年的暑假，骄阳似火。我一高兴，竟一个人"胆大包天"地带着三十几个孩子，搞了3天夏令营。在郊区借了几间房，自己采买、自己做饭，请志愿军叔叔讲战斗故事，在野地里疯跑……她们开心，我心驰神往，当老师的感觉真好！有时碰上事儿多的"刺头"，气得我哭鼻子。别笑话我，那时我才十五六岁呦。哎呀，当老师够烦人的。我能当老师吗？将来还当老师吗？在当"二老师"的一年里，我头脑中的这两个"小人"——我的理想"当"，还是"不当"老师，一直在打架。

高三时，我有幸参加了北京师范大学的招待会。看着北师大的大哥哥、大姐姐们的演讲、表演节目，嘿！"北师大人真棒！"在填报志愿时，我毫不犹豫地将北师大的教育系填在第一志愿。看到我填写的志愿书，历史老师又为我填了北京大学的历史系。她自己就是该系的高才生，

她酷爱历史，知识面宽、课讲得特棒！因为有一次历史模拟考试，一张特别长的"哈达"考卷，我竟"糊里糊涂"地考了个满分——得了全区第一名，她对我有印象。戴眼镜的政治课孟老师，在志愿书上又填了"北京大学"的哲学系和法律系，因为她在北大进修过，"北大太棒了！"她说。

我茫然了，老师都为我好，到底第一志愿填什么好呢？我辗转反侧，两夜没有睡好觉。我的好友王四齐一语中的——"既然自己多年的理想是当老师，这是你的所喜所爱，就不要变了！"

我被北师大录取，学习了几年教育专业。终生干了一件工作——当老师，做"人类灵魂的工程师"。

因为热爱，在极"左"路线盛行时，和其他"老九"（指知识分子）一样，工资低、靠边站、受冲击，我没后悔。我相信总有一天"云开见日"，我会重新站到讲台上的；因为热爱，我求知若渴，无论是读书看报、看电视、上网学习，只要与教育、心理有关的信息，我大脑的"兴奋中心"就会迅速启动，会将信息立刻装在脑子里或写在卡片上。我四十余年讲了十多门课，学生喜欢听；写了18部著作，340万～350万字，青少年爱读，销售量很大。因为我写的书理论联系实际——不仅有理论，还有大量鲜活的事例。年轻读者反映：听着、读着解渴，用着实际。

时至今日，我常感身体疲惫、体力不支。但是，一到课堂见到学生，无论是二三十人，还是数百、近千人，我的精神头就来了。学生说，我讲的课有激情、吸引人，全然看不出我已经是一位年过花甲之人。因为我热爱我的学生，热爱教育事业。

日前，不少同龄人都劝我，教了一辈子书，还不歇歇？其实他们不了解我。我在"享受""教学相长"呢！在教年轻人的同时，我也在与时俱进，不断地收获、成长。讲课、写书对我而言，不是苦差事，而是人生的享受——像小孩子喜欢玩耍、游戏一样，我当老师，想讲、想写，这也是我所热爱的。一个人终生干一项自己热爱的事业，是最美好、最快乐、最幸福的事情，不是吗？

当教师，从事教育事业是在我的老师榜样力量的感召下，在同学、老师的帮助下，心甘情愿选择的，它是我少年时代的抉择。这个抉择给了我快乐、给了我美的享受，给了我终生的幸福。当老师，学为人师，行为示范，我终生无怨无悔！人若有来生，下辈子我还当老师！

青少年朋友，为了自己的终生幸福，现在你就应该开始思考，自己的人生目标是什么？逐渐确立起自己的理想、志向。当然，人生目标的确立，理想、志向的选择不是仅仅凭一时兴趣，一拍脑门就定了的。既要考虑自己的兴趣爱好，也要根据自己的气质、性格、才能等方面的条件，还要考虑社会的需要。奋斗目标要是力所能及的。

小张是一个充满幻想的女孩，她幻想自己考上名牌大学，幻想自己成为一名出色的画家，一个能写出传世之作的小说家……但她的这些想法离现实太远了：学习成绩不突出，画技很一般，父母反对其写小说。为此，她感到迷茫、困惑、不知所措。

心理辅导教师了解到小张的情况以后，认为小张的问题主要在于她在确立人生理想的时候，没有很好地协调理想与现实的关系，理想自我与现实自我出现了矛盾、冲突。因此，要帮助小张解决其心理问题，首先要让她认识

到理想的确立要有现实的基础，即不仅要考虑自身的兴趣，还要考虑到自身条件（如知识、能力、性格等）和社会的需要。其次，对待理想要专心一致，不能见异思迁。第三，奋斗是实现理想的途径，要实现理想，就必须把它落实到自己的行动上。

你会抢哪一幅？

贝尔纳是法国著名的作家，一生创作了大量的小说和剧本，在法国影剧史上具有重要的地位。一次，法国一家报纸进行了一次有奖智力竞赛，其中有这样一个题目：

"如果法国最大的博物馆卢浮宫失火了，情况只允许抢救出一幅画，你会抢哪一幅？"结果，在该报收到的成千上万回答中，贝尔纳以最佳答案获得该题的奖金。他的答案是："我抢离出口最近的那幅画。"

当你明确了你的人生目标，你便找到了人生的主线，也就是找到了奋斗的方向。你便会明白，什么事情是重要的，必须先去做；什么事情不重要，可以缓做或不做：那些与实现你的现实目标有关系的事情是重要的，应该立马去做；反之要缓做或不做。有了目标你还会明白，什么样的知识经验是你必须掌握的，什么样的知识经验你不掌握也没关系：那些为实现你的目标必需的知识经验是必须掌握的；其他的，你掌握不掌握没关系。

2. 行动要有计划

大学生小高在谈及高三复习阶段的经历时，十分感慨。他一开始在高考3+X的学科选择中就发生了矛盾，他所向往的专业是需要考物理的，而他的化学成绩远远好于物理，经过反复考虑，他还是选择考物理。然而在最后的

复习阶段，由于他的物理成绩比班里的大多数同学都低，就对自己的选择感到有些悔意，甚至于对学习产生了恐惧。为此，他去找了心理辅导老师。老师为他分析了当初选择的动机、目前的学习状况、所选专业的发展前景，又和他设计了复习的分段目标。从咨询室走出来之后，小高觉得心情开朗了许多，在后来的复习中，恢复了自信，最后考进了理想的大学和专业。

走出心理咨询室时，小高的物理成绩并没有改变，为什么心情开朗了许多呢？心理辅导老师与小高设计了怎样的复习分段目标？

假如原定的目标达不到，是可以转化调整的。中学生受到挫折，多数是因为期望超过了自己的实际可能。当有些目标不切实际时，就干脆放弃；当有些目标过高，却不能够放弃时，就应当适当调整降低目标。

目标和具体可行的计划总是紧密联系的，我们可以把大目标分解成若干个小目标，每个小目标里都有具体可行的计划，然后通过执行计划实现小目标，最终达到大目标。因此说，制定学习目标和学习计划也是大有学问的，让我们来看看下面的学习计划：

A计划：下午4:30回家写作业；6:00吃饭；6:30复习英语；7:00复习语文；8:00复习化学；9:00复习物理；10:00睡觉。

看过这份计划，青少年朋友，你有什么样的想法呢？是不是觉得有些喘不过气来了。这份计划存在的问题是没有休息时间，内容安排得太紧张；每天科目过多，每科时间较少；文理科目之间没有交叉，容易疲劳；内容比较笼统，不好执行。

B计划：月计划：做完《几何难题100例》，背1500个英语单词；日计划：下午4:30做10道几何题；5:30背50个单

完善自我

词；6:00吃饭；6:30看电视；8:00写作业；9:00复习当天课上学的新内容；10:00睡觉。

对于这份计划，青少年朋友，你又有什么样的想法呢？这份计划存在问题：目标定得过高，很难完成；休息时间过长，作业安排得太靠后，影响休息。

青少年朋友们，上面的经验教训你不妨在做计划的时候借鉴，不要再犯同样的错误。一个适合自己的好计划，将是你成功的重要保证。

3. 监控计划执行

我们在订立计划以后还应注意监控计划的实施情况，否则就会出现："常立志"现象而导致半途而废。因为目标的实现不仅仅需要积极地采取行动，坚决执行预定的计划，还要拒绝来自内心和外界环境中的各种诱惑。少年朋友们不妨从下面三方面着手培养自我监控的能力。

（1）识别自我心理素质

知识、技能、智力、爱好、志趣、性格和气质等与人的学习和成长有直接关联。要根据国家和社会竞争的需要，结合自己的优势、兴趣和爱好，在完成教学计划和规定的学习任务与基本要求的同时，有所侧重地扩充某些知识或发展某些能力。

（2）集中注意力

注意力是人进行自我监控所必需的心理品质。为了培养自己的注意力，避免分心，不妨按下面几点做一做。

1）学习时姿势要端正。仰、卧、靠、斜倚等等是休息的姿势，不宜做积极的思维活动，也不易集中注意力，卧读更是一种不良的学习习惯。

2）选择学习环境。寻求安静、空气清新、光线适度、温度与湿度适宜的学习环境。

3）调节学习安排，作息要定时。

4）学习地点相对固定。

5）善于质疑和思考。不断提出学习中的问题，进行积极的思考。

自我心理训练语：我全神贯注，我不分神，我积极思考……

（3）锻炼毅力，增强自控力

毅力和自控力是极其重要的意志品质，它有利于克服懒惰、拖沓、逆反、恐惧、愤怒等不良心态及学习中的外部困难，实现预定目标。但是，怎样才能培养自己顽强的毅力和自控力呢？

1）心里不忘长远的目标，不要被眼前利益所诱惑，被周围的不良环境所干扰。

2）在失意和失败面前不退却，要有战胜自我的信心和勇气。坚信"你行我也行"，反复提醒自己"不要灰心"。

3）制订计划，抓紧时间。用计划所规定的时间来约束自己，力求在预定的期限内完成计划，始终有紧迫感。

4）有意识地培养抗干扰的能力。如在闹市中读书（但要注意安全），在人群中思考，放弃一些无益的活动等。

5）及时进行自我检查和自我反馈。

自我心理训练语：

平静的湖面，练不出精壮的水手。

安逸的环境，造不出时代的伟人。

我有志气。

我有顽强的毅力。

我有自控力。

愈艰难，就愈要做。

我保证在××分钟做完××（事）……

请青少年朋友听听以下学习成绩优秀学生的心得体会，或

许对我们有些助益。

许磊，2003年理科考生，高考成绩699分（不含加分），考取了清华大学计算机科学与技术专业。他告诉我们：

学习必须有计划。时间安排因人而异。我做事是有条理的，并养成了这样一种习惯——每天做事都有计划，这个计划不一定都写在纸上，但每天一早就在头脑中部署好。不管事情有多少，学习有多紧，一定不要乱了阵脚。

为了取得好成绩，学习时间上可能会对弱一点的学科倾斜，使各科更加平衡地发展，这是应该的。但这样做的前提是不能损害优势学科，而是要达到共同提高，否则就会得不偿失。

自制力非常关键。个人自制力的锻炼对于学习也是极其重要的。一般我们在学校管得严时就好些，一旦没人管就糟了。缺乏自制力是一个人进步的非常大的障碍。我也经常有这种感觉，特别是放假以后，开始打算这个假期要充分利用好，每天做多少题。但真正执行起来，往往是早晨打开电视，一个频道、一个频道地搜索一遍，一晃就到了中午。下午再接着上午的看，一天就这样溜走，然后晚上就开始悔恨这一天。每当时间这样过去时，我都有一种负罪感。我劝大家还是尽量克制自己，在学习上收获更多的成果。

树立明确的目标，让梦想成为动力之源；有计划地安排学习时间，做什么都要专心，哪怕是玩；正确对待学习上的暂时落后，保持一颗积极进取的心。

4. 付出总有回报，努力就有成就

制定有效的措施，坚定地实现。但要知道生活中不缺少有理想的人，但缺少把理想转化为现实行动的人。行动是把理想变成现实的桥梁。很早就听人说过下面这个典故。

　　伊斯兰教的先祖穆罕默德，带着他的门徒到山谷里讲道。穆罕默德说："'信心'是成就任何事物的关键。人只要有信心，便没有不能成功的计划。"

　　一位门徒不服气，对穆罕默德说："你有信心，你能让那座山过来，让我们站在山顶吗？"

　　穆罕默德满怀信心地把头一点，随即对着山大喊一声："山，你过来！"他的喊声在山谷里回荡。大家都聚精会神地望着那座山，期待着尊师的喊声灵验。穆罕默德说："山不过来，我们过去吧！"他们开始爬山，经过一番努力，终于站到了山顶。

　　我很喜欢这个典故，还讲给很多青少年朋友听。是啊，山不过来，我们过去嘛！那青少年朋友有了远大的理想，现在就出发吧！

　　青少年朋友们，在我们实现理想的征途上，总会有坎坷、荆棘、沟壑、激流、险滩，如果畏首畏尾，知难而退，美好的未来绝不会主动登门拜访。有些中学生立志要考高中、上大学，

191

但平时却怕苦、怕流汗，遇到困难绕道走，而对玩耍却很积极主动，结果只能是感叹"黑色七月"的无情。就像下面这只小云雀！

一只云雀在树上高歌，忽然看见一个人走来，手里拿着个小木盒云雀问："你的小盒子里装的是什么？"那人说："全是蚯蚓。"云雀又问："我怎样才能得到它们呢？"那人答："只需要你身上的一根羽毛。"云雀便高兴地拔下自己身上的一根羽毛，换来了一盒蚯蚓，并高兴地自言自语："原来这么容易就可以获得食物，今后，我再也不用工作了。"就这样，云雀每天都从自己的身上拔下一根羽毛换蚯蚓。几个月后，这只云雀身上的羽毛都被自己拔光了，再也不能换蚯蚓，这才想起应该自己去找食物。遗憾的是，它的身上光秃秃的，一根羽毛也没有，无论怎样用力，再也飞不起来了。

青少年朋友，虽说耕耘就会有收获，但每个人的收获却有时并不一样，毕竟每个人是有差别的。假如你用青春的火花点燃心中的希望，却被秋风吹灭，假如一次次的期待都化作春天的融雪，那么，请你面对现实懂得珍惜拥有。如若不然就会像下面这个同学。

到底是谁打碎了我的梦想？

我是一个来自于教师家庭的孩子，父母视我为"掌中宝"。在父母关爱的目光中成长，我的心是自由而轻松的，重点小学、初中、高中就读的经历使我坚信我是属于全国一流大学的。然而，由于高考的失误，虽然我进入了全国重点大学读书，却不是我梦想中的学校。在接到通知书的一刻，我哭得天昏地暗，第一次遭此重创我几乎站不起来，我怕听到中学同学到名牌大学读书的消息，我担心

自己的失败成为同学的笑料。当九月明媚的阳光照在开心的大学新生脸上时，我却丝毫也高兴不起来。反正想既来之则安之，而心中的结并没有解开。由于盲目的自信，确信高考成绩超出其他同学80分，完全有能力胜任大学的学习，学习没有了动力，生活没有了目标，正如大海上漂浮的小舟，完全失却了原来的方向。在茫然徘徊中迎来了期末考试，我意外地收获了不及格的结果。我并没有认真反思自己，而是将这一切归咎于我没有考取理想的大学，归咎于命运的不公平。第二学期，百无聊赖的我又在网上找到了久违的自信与上进心，我那颗曾经不服输的心复苏了，但这次不是为学习而是为网络，我彻夜上网聊天、打游戏，在游戏中体现虚拟世界的成功。可想而知，第二学期五门功课同时亮起了红灯，学位没有了，不用说梦想中的名牌大学，连大学生的资格已将丢失，谁把我的青春弄丢了？正在此时，学校发出了退学的指令。我真的非常懊悔，我第一次深深自责，作为我们家庭的第一位大学生，我辜负了家长厚重的期望；作为重点高中的学生，我对不起培养我的老师；更重要的是我有负于自己的年华。此刻，我才发现大学的灯光是那么明亮，校园是那么美丽，而大学生活是如此让人难以割舍……

　　这是一位即将告别学校生活的大学生的内心独白，个体的人生不可复制，而自我发展不可逆转，青春属于自己只有一次，请珍视自我人生。

　　可能有的青少年朋友会问：如果上面几点都做得很好，就一定能实现理想了吗？未必。实现理想还要有科学态度，讲求方法和策略。盲目苦干、蛮干，就是做无用功。只有实干加巧干，才能逐步实现理想。有的人为了提高成绩，整天疲劳作战，超负

自我意识的培养

荷运转，结果成绩欠佳；有的人学得认真，玩得开心，成绩却步步上升。

青少年朋友们，你的理想是什么？通向理想之路你打算怎么走呢？山因势而变，水因时而变，人因思而变。一个人最重要的是思想方法，我们一定要学会思考，多想少说，真学苦干。

19世纪时，美国的密歇根州有一个小男孩跟着他的农夫爸爸从村里乘马车到城里去赶集。返回的时候，小男孩想：既然很多东西可以用机器来发动，那么我们家的马车也可以啊！于是，他立志要当一个机械科学家。然而，他们家世世代代都是农夫，他的梦想被许多人看来遥不可及。人们好心劝他：安心种地吧！不要再想那些不可能的事情了。

然而，他却不放弃。他一个人离开家乡，到底特律去当学徒，去学机械。白天辛苦工作，晚上努力做一些研究机械改良的构思。

后来，他成功了！1903年，他用自己的名字成立了一家汽车公司，5年后，他革命性地以流水作业的方式生产汽车。从此以后，汽车开始普及，他就是要让全世界人坐上汽车的"汽车大王"——亨利·福特。一直到21世纪的今天，福特汽车仍然是这个世界上最普及的车种之一。

在他的晚年，曾有记者问他："您是怎么成功的呢？"他说："我没有什么特殊的才能。我能成功，只因为我从年轻的时候，就开始怀有一个远大的理想！这就是我与大多数人不同的地方。"

亨利·福特，这个没有任何家庭背景和社会资源，在外人看来只适合当农夫的少年，充满了梦想，最重要的是他敢于向着梦想不断努力。只有美好的梦想，我们和成功依然有距离；朝着理想不断努力，才是我们成功的真正秘诀！

心理测试

◎ 儿童自我意识测试量表

　　下面有80个问题，是了解你是怎样看待自己的。请你决定哪些问题符合你的实际情况，哪些问题不符合你的实际情况。如果你认为某一个问题符合或基本符合你的实际情况，就在答卷纸上相应的题号后的"是"字上画圈，如果不符合或基本不符合你的实际情况，就在答卷相应的题号后的"否"字上画圈。对于每一个问题你只能做一种回答，并且每个问题都应该回答。请注意，这里要回答的是实际上你怎样，而不是回答你认为你应该怎样。填时请不要在表上涂改。

[测试题]

1.我的同学嘲弄我（是　否）

2.我是一个幸福的人　　（是　否）

3.我很难交朋友　（是　否）

4.我经常悲伤　　（是　否）

5.我聪明　（是　否）

6.我害羞　（是　否）

7.当老师找我时，我感到紧张　　（是　否）

8.我的容貌使我烦恼　　　（是　否）

9.我长大后将成为一个重要的人物　　　（是　否）

10.当学校要考试时，我就烦恼　（是　否）

11.我和别人合不来　　　（是　否）

12.在学校里我表现好　　　（是　否）

13.当某件事做错了常常是我的过错　　　（是　否）

14.我给家里带来麻烦　　（是　否）

15.我是强壮的　（是　否）

16.我常常有好主意　　（是　否）

17.我在家里是重要的一员　　　（是　否）

18.我常常想按自己的主意办事　（是　否）

19.我善于做手工劳动　　（是　否）

20.我易于泄气　（是　否）

21.我的学校作业做得好　（是　否）

22.我干过许多坏事　（是　否）

23.我很会画画　（是　否）

24.在音乐方面我不错　（是　否）

25.我在家表现不好　（是　否）

26.我完成学校作业很慢　（是　否）

27.在班上我是一个重要的人　　（是　否）

28.我容易紧张　（是　否）

29.我有一双漂亮的眼睛　（是　否）

30.在全班同学面前讲话我可以讲得很好（是　否）

31.在学校我是一个幻想家　　（是　否）

32.我常常捉弄我的兄弟姐妹　　（是　否）

33.我的朋友喜欢我的主意　　（是　否）

34.我常常遇到麻烦　（是　否）

35.在家里我听话（是　否）

36.我运气好　（是　否）

37.我常常很担忧　（是　否）

38.我的父母对我期望过高　　（是　否）

39.我喜欢按自己的方式做事　（是　否）

40.我觉得自己做事丢三落四　　（是　否）

41.我的头发很好　　　　　（是　否）

42.在学校我自愿做一些事　　　（是　否）

43.我希望自己与众不同　（是　否）

44.我晚上睡得好　（是　否）

45.我讨厌学校　　（是　否）

46.在游戏活动中我是最后被选入的成员之一（是　否）

47.我常常生病　　（是　否）

48.我常常对别人小气　　（是　否）

49.在学校里同学们认为我有好主意　　　（是　否）

50.我不高兴　　　（是　否）

51.我有许多朋友　（是　否）

52.我快乐（是　否）

53.对大多数事情我不发表意见　（是　否）

54.我长得漂亮　　（是　否）

55.我精力充沛　　（是　否）

56.我常常打架　　（是　否）

57.我与男孩子合得来　　（是　否）

58.别人常常捉弄我　　　（是　否）

59.家里人对我失望　　　（是　否）

60.我有一张令人愉快的脸　　　（是　否）

61.当我要做什么事时总觉得不顺心　　（是　否）

62.在家里我常常被捉弄　（是　否）

63.在游戏和体育活动中我是一个带头人（是　否）

64.我笨拙（是　否）

65.在游戏和体育活动中我只看不参加 （是 否）

66.我常常忘记我所学的东西 （是 否）

67.我容易与别人相处 （是 否）

68.我容易发脾气 （是 否）

69.我与女孩子合得来 （是 否）

70.我喜欢阅读 （是 否）

71.我宁愿独自干事，而不愿与许多人一起做事情
（是 否）

72.我喜欢我的兄弟姐妹 （是 否）

73.我的身材好 （是 否）

74.我常常害怕 （是 否）

75.我总是摔坏东西 （是 否）

76.我能得到别人的信任 （是 否）

77.我与众不同 （是 否）

78.我常常有一些坏的想法 （是 否）

79.我容易哭叫 （是 否）

80.我是一个好人 （是 否）

［评分方法］

儿童自我意识量表(Children's self-concept Scale，PHCSS) 是美国心理学家Piers 及Harris 于1969年编制、1974年修订的儿童自评量表，主要用于评价儿童自我意识的状况。可用于临床问题儿童的自我评价及科研，也可作为筛查工具用于调查，该量表在国外应用较为广泛，信度与效度较好。2001年由中南大学精神卫生研究所苏林雁教授联合国内20多家单位，将此量表进行了标准化并制定了全国常模，现已被用于儿童青少年行为、情绪的研究。儿童自我意识反映了儿童对自己在环境和社会中所处的地位的认

识，也反映了评价自身的价值观念，是个体实现社会化目标、完善人格特征的重要保证。如果在发育过程中受内外因素的影响，使儿童的自我意识出现不良倾向，则会对儿童的行为、学习和社会能力造成不良影响，使儿童的人格发生偏异。

PHCSS含80项选择型测试题，适用于8～16岁儿童。分六个分量表，即：行为、智力与学校情况、躯体外貌与属性、焦虑、合群、幸福与满足，并计算总分。采用统一指导语，由儿童根据问卷自己在答卷上填写。可以个别进行，也可以团体进行。

凡得分高者表明该分量表评价好，即无此类问题，如："行为"得分高，表明该儿童行为较适当；"焦虑"得分高，表明该儿童情绪好，不焦虑；总分得分高则表明该儿童自我意识水平较高，对自己的行为、体貌、情绪以及人际关系有比较清楚的认识与评价，有适当的自信与自尊，同时也能较好地调控自己的情绪与行为。

各项目标准答案如下，如果你的选择和下面的答案一致就得1分，否则就得0分。总分为从1题到80题的得分相加。

1 否	11 否	21 是	31 否	41 是	51 是	61 否	71 否
2 是	12 是	22 否	32 否	42 是	52 是	62 否	72 是
3 否	13 否	23 是	33 否	43 否	53 否	63 否	73 是
4 否	14 否	24 是	34 否	44 是	54 是	64 否	74 否
5 是	15 否	25 否	35 否	45 是	55 是	65 否	75 否
6 否	16 是	26 否	36 是	46 否	56 否	66 否	76 是
7 否	17 是	27 否	37 否	47 是	57 否	67 否	77 否
8 否	18 否	28 否	38 否	48 否	58 否	68 否	78 否
9 是	19 否	29 否	39 否	49 否	59 否	69 否	79 否
10 否	20 否	30 是	40 否	50 否	60 是	70 是	80 是

[各分量表组成]

行为：12 13 14 21 22 25 34 35 38 45 48 56 59 62 78 80

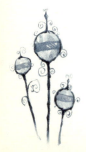

自我意识的培养

200

智力与学校情况： 5 7 9 12 16 17 21 26 27 30 31 33 42 49 53 66 70

躯体外貌与属性： 5 8 15 29 33 41 49 54 57 60 63 73 75

焦虑： 4 6 7 8 10 20 28 37 40 43 74 79

合群： 1 3 6 11 40 46 49 51 58 65 69 76 77

幸福与满足： 2 36 39 43 50 52 60 67 80

PHCSS各年龄组划界分

年龄	8～12岁（男）n=503	13～16岁（男）n=343	8～12岁（女）n=506	13～16岁（女）n=346
行为	11～16	11～16	12～16	12～16
智力与学校	9～17	9～17	9～17	9～17
躯体外貌	6～13	7～13	6～13	6～13
焦虑	8～14	8～14	8～14	8～14
合群	7～12	8～12	8～12	9～12
幸福与满足	7～10	7～10	7～10	7～10
总分	49～80	51～80	52～80	53～80

◎ 自信心测试

请回答下面10个问题，每题选出1个最接近的答案。

【测试题】

1.当老师在班里提出某一问题讨论时，你会采取哪一种态度？

  A　马上举手表明自己的意见

  B　除非老师叫我起来回答，否则保持沉默

  C　等到大家发完言后再发表自己的看法

2.如果老师对你进行不适当的批评，你将采取哪一种对策？

  A　马上全力为自己辩护，且情绪激动

  B　冷静地、理智地表明自己的看法

  C　不出声也不争辩，但记在心里

3.全校举行演讲比赛，老师和同学推荐你去，你将如何对待？

  A　以种种借口推脱，坚决不去

  B　同意去，但演讲什么要老师和同学一起出主意

  C　不马上答应，等考虑好后再做答复

4.当你的好友在同学面前提出你也认为不好的要求，如借作业本抄，你怎么办？

  A　表面上答应，但过一会儿找个借口不给他

  B　给他讲抄作业的害处，帮他弄懂难点，让他自己完成

  C　听听其他同学的意见，再决定是否给他

5.当你去参加学生会举行的座谈会时，你首先会做什么？

A　找认识的同学，坐在一起交谈

B　与旁边不认识的同学相互认识起来，并进行交谈

C　一个人坐在那里，不言语，听其他同学谈论

6.如果你被同学们选为班长，你怎么办

A　勇敢地接受，并负责任地把班级工作做好

B　同意试试，但随时准备退出

C　要求同学们支持、配合你的工作

7.如果老师要求你做一件关系到你声誉的工作时，你怎么办？

A　请老师讲一讲做好这一工作的关键是什么

B　明确表示会按要求做好这一工作

C　勉强接受，但也可能打退堂鼓

8.如果老师一个地方讲错了，你怎么办？

A　巧妙地向老师提出问题，指出讲错的地方

B　借回答问题来纠正老师讲课中的差错

C　下课后再向老师提出

9.如果让你当班长，在挑选班委时，你将选择哪一种人？

A　学习很好，有些只顾自己

B　小有缺点，但乐意为集体服务

C　学习好，大事做不来，小事尚能做的人

10.如果你来当老师，你将如何对待学生？

A　想同学所想，通情达理

B　模仿老师的做法

C　有些照老师的做法，有些根据自己的体验

【计分方法】

题号 选项	1	2	3	4	5	6	7	8	9	10
A	5分	1分	0分	0分	1分	5分	1分	5分	0分	5分
B	0分	5分	5分	5分	5分	0分	5分	1分	5分	0分
C	1分	0分	1分	1分	0分	1分	0分	0分	1分	1分

【总分结果分析】

40～50分：你是一个很有自信的人。你敢于自告奋勇地做事，但必须小心，讲究工作技巧。

28～38分：你有较强的自信心，并在多数情况下能应付自如，但在勇往直前时，要保持谨慎。

13～25分：你办事缩手缩脚，总怕出差错，你应设法肯定自我，增强信心。

0～10分：你给人的印象似乎不存在似的，应努力改变这种情况，须知自信是成功的一半。

希望少年朋友可以通过上述测试来检验一下自己的自信程度，以便今后更好地培养、锻炼自己。

◎ 独立性测试

独立还是依赖是衡量一个人个性心理特征的一对重要标尺，独立性强的人自己作出判断，独立完成自己的工作；而依赖性强的人则处处附和众议，甚至为了取得别人的好感放弃个人的主见。下面的一组测试，可帮助少年朋友了解自己的内心，不妨一试。

请你在5分钟之内完成所有的题目。每个题目只有一个正确答案，请选择最符合自己实际状况的答案，选择时请根据自己的

第一印象，不要考虑太多。

【测试题】

1.在工作中，你愿意：

　A　和别人合作

　B　不确定

　C　单独行动

2.在接受困难任务时，你总是：

　A　有独立完成的信心

　B　不确定

　C　希望得到别人的帮助

3.你希望把你的家庭设计成：

　A　拥有其自身活动和娱乐的自己的世界

　B　二者之间

　C　邻里朋友交往活动的一部分

4.你解决问题，多借助于：

　A　个人独立思考

　B　两者之间

　C　和别人展开讨论

5.你和异性朋友的交往：

　A　较多

　B　两者之间

　C　比别人少

6.在集体活动中，你是一个活跃的分子：

　A　是的

B 两者之间

C 不是

7.当人们指责你古怪不正常时，你：

A 非常气恼

B 有些生气

C 无所谓

8.到一座新城市找地址，你一般是：

A 向人问路

B 两者之间

C 自己看地图

9.在学习中，你喜欢自己做计划，而不希望别人干涉：

A 是的

B 两者之间

C 不是

10.你的学习多依赖于：

A 书刊

B 两者之间

C 参加集体讨论

【计分方法】

以上各题 选A得2分，选B得1分，选C得0分。把每题得分相加就是就是你该项测试的总分数。

【结果分析】

总分数为15～20分： 你自立自强，当机立断。通常能够自作主张，独立完成自己的工作计划，不依赖别人，也不受社会舆论的约束。同时，你无意控制和支配别人，不嫌弃人，但也无需

别人的好感。

总分数为11～14分： 你能够在一般性问题上自作主张，并能够独立完成，但对某些高难度的问题常常拿不定主意，需要他人的帮助。

总分数为0～10分： 你依赖、随群、附和。通常愿意与别人共同工作，而不愿独自做事。常常放弃个人主见，附和众议，以取得别人的好感。因为你需要团体的支持以维持自信心，你不是真正的乐群者。应多培养一些自己的自主性。

怎么样，青少年朋友，你的独立性有多少呢？

◎ 控制力测试

（1） 本测试用于测量你是否对自己以及自己所处的这个环境具有一定的控制力，是否愿意自己承担责任，并能努力去改变自己的处境。这个测试让你了解自己能力中未知的一面，因此希望你能够根据自己的真实感受来回答下面所有问题。

（2） 本测试请你在5分钟之内完成所有的题目。

（3） 每个题目只有一个正确答案，请选择最符合自己实际状况的答案，然后填写在后面的答案填写处。选择时请根据自己的第一印象，不要考虑太多。

（4） 本测试由20条陈述语句组成，每个陈述都要求你用一个相同的标准进行评价，这个评价的标准是：

A.非常符合　B.有点符合　C.无法确定　D.不太符合
E.很不符合

如果你已经了解了这个测试的使用规则，那么下面就可以开始做题目。请你在下页的"控制力测试答案填写表"中用铅笔填写自己的选择，而不要随意在题目上涂画。建议你最好单独准备一张纸来填写答案，这样可以保持这本书的整洁，同时可以让你的同事、同学以及更多的人使用这个测试。

自我意识的培养

【测试题】

1.我知道自己以后的生活会是怎么样的。

2.我相信命运。

3.失败的时候应该坦然一些。

4.我喜欢拥有权力的感觉。

5.人们应该对自己的行为负责。

6.依赖别人的帮助才能活下去是让人无法忍受的。

7.我知道如何让别人去做我希望他们做的事情。

8.和别人相比我是一个强有力的人。

9.我可以停止做任何正在做的事情。

10.我不会浪费时间做无意义的事情。

11.我的内心是轻松自在的。

12.我没有经历过让自己感到很后悔的事情。

13.我喜欢自己现在的样子。

14.我为一些无法摆脱的想法而感到苦恼。

15.我对自己的某些行为感到焦虑。

16.我对自己的某些想法感到不安。

17.我对自己的意志力感到怀疑。

18.改变我的日常生活习惯会让我感到苦恼。

19.我曾经对自己感到恐惧。

20.我的情绪曾经失控过。

控制力测试答案填写表

（A.非常符合　B.有点符合　C.无法确定　D.不大符合　E.很不符合）

题号	选择	题号	选择	题号	选择	题号	选择
1		6		11		16	
2		7		12		17	
3		8		13		18	
4		9		14		19	
5		10		15		20	

【计分方法】

在第1～13题中请统计选择A、B、C、D以及E的数目：

A：____（A_1）；　B：____（B_1）；　C：____（C_1）；　D：____（D_1）；

E：____（E_1）

请按照下面的公式计算出原始分数：____（R_1）

$R_1 = A_1 \times 5 + B_1 \times 4 + C_1 \times 3 + D_1 \times 2 + E_1$

在第14～20题中请统计选择A、B、C、D以及E的数目：

A：____（A_2）；　B：____（B_2）；　C：____（C_2）；　D：____（D_2）；

E：____（E_2）

请照下面的公式计算出原始分数：____（R_2）

$R_2 = E_2 \times 5 + D_2 \times 4 + C_2 \times 3 + B_2 \times 2 + A_2$

请计算最后的原始分数：____（R）　$R = R_1 + R_2$

【结果分析】

根据你的原始分数（R），从下表找出相应的排名值（P）。例如你的原始分数是66，那么你的排名值（P）则是48，以此类推。这是一个百分数，如果你的P高于75%，你对自己的生活显示出很高的控制性，不焦不躁。P低于25%，你有时可能会对自己的能力有所怀疑，对未来有迷惑感。

自我意识的培养

控制力测试常模对照表

R	P(%)	R	P(%)	R	P(%)	R	P(%)	R	P(%)	R	P(%)
20	0	34	3	48	14	62	39	76	69	90	90
21	1	35	4	49	16	63	41	77	71	91	91
22	1	36	4	50	17	64	43	78	73	92	92
23	1	37	5	51	19	65	46	79	75	93	93
24	1	38	5	52	20	66	48	80	76	94	93
25	1	39	6	53	22	67	50	81	78	95	94
26	1	40	7	54	24	68	52	82	80	96	95
27	1	41	7	55	25	69	54	83	81	97	95
28	1	42	8	56	27	70	57	84	83	98	96
29	2	43	9	57	29	71	59	85	84	99	96
30	2	44	10	58	31	72	61	86	86	100	97
31	2	45	11	59	33	73	63	87	87		
32	3	46	12	60	35	74	65	88	88		
33	3	47	13	61	37	75	67	89	89		

◎ **依赖性测试**

（1）本测试测量你的依赖性是否过分强烈。这个测试用于帮助你了解自己日常生活当中容易被忽视的一面，因此希望你能够根据自己的真实感受来回答下面的所有问题。

（2）本测试请你在5分钟之内完成所有的题目。

（3）每个题目只有一个正确答案，请选择最符合自己实际状况的答案，然后填写在后面的答案填写处。选择时请根据自己

的第一印象，不要考虑太多。

（4）本测试由20条陈述语句组成，每个陈述都要求你用一个相同的标准进行评价，这个评价的标准是：

A.非常符合　B.有点符合　C.无法确定　D.不太符合 E.很不符合

如果你已经了解了这个测试的使用规则，那么下面就可以开始做题目。请你在下页的"依赖性测试答案填写表"中用铅笔填写自己的选择，而不要随意在题目上涂画。建议你最好单独准备一张纸来填写答案，这样可以保持这本书的整洁，同时可以让你的同事、同学以及更多的人使用这个测试。

【测试题】

1.我能长时间独自看书。

2.我有时候突然发现自己已经很久没有和人说话了。

3.我担心别人会对我不友好。

4.独自工作会让我激发出更多的创造性。

5.我不喜欢出门买东西。

6.我不会主动邀请朋友来家里玩。

7.我不愿意借东西给别人。

8.独自一个人让我的头脑更加清楚。

9.如果要让我做演员，我宁愿把时间用于给计算机写程序。

10.我很少获得来自家人的帮助。

11.如果有机会让我一个人住在荒山野岭，我会很高兴的。

12.我尽量避免接受别人的帮助。

13.我从不参与任何社交活动。

14.我要比一般人细致。

15.事情还没有发生我就已经做好了一切可能的准备。

211

16.我无法真正相信别人。

17.我从来不把希望寄托在别人身上。

18.我觉得自己很狡猾。

19.我善于自得其乐。

20.我觉得自己是冷酷的。

依赖性测试答案填写表

题号	选择	题号	选择	题号	选择	题号	选择
1		6		11		16	
2		7		12		17	
3		8		13		18	
4		9		14		19	
5		10		15		20	

【计分方法】

在第1～20题中请统计选择A、B、C、D以及E的数目：

A：_____（A）；B：_____（B）；C：_____（C）；

D：___（D）；E：___（E）

请按照下面的公式计算出原始分数：___(R)

$R = E \times 5 + D \times 4 + C \times 3 + B \times 2 + A$

【结果分析】

根据你的原始分数（R），从下表找出相应的排名值（P），例如你的原始分数（R）是51，你的排名值（P）则是27。这是一个百分数，如果P高于75%，你可能容易依赖别人，但是显得很合群。如果P低于25%，你不是一个容易依赖别人的人，相反你的独立性很强。

注意：男性和女性应该分别查询不同的对照表。

依赖性测试常模对照表（男性）

R	P(%)	R	P(%)	R	P(%)	R	P(%)	R	P(%)	R	P(%)
20	1	34	5	48	21	62	52	76	83	90	96
21	1	35	5	49	23	63	55	77	84	91	97
22	1	36	6	50	25	64	58	78	86	92	97
23	1	37	7	51	27	65	60	79	86	93	98
24	1	38	7	52	29	66	62	80	88	94	98
25	1	39	8	53	31	67	65	81	89	95	98
26	1	40	10	54	33	68	67	82	90	96	99
27	2	41	11	55	35	69	69	83	92	97	99
28	2	42	12	56	38	70	71	84	93	98	99
29	2	43	14	57	40	71	73	85	93	99	99
30	3	44	14	58	42	72	75	86	94	100	99
31	3	45	16	59	45	73	77	87	95		
32	4	46	17	60	48	74	79	88	95		
33	4	47	19	61	50	75	81	89	96		

213

自我意识的培养

依赖性测试常模对照表（女性）

R	P(%)	R	P(%)	R	P(%)	R	P(%)	R	P(%)	R	P(%)
20	1	34	4	48	14	62	34	76	62	90	84
21	1	35	4	49	15	63	36	77	64	91	85
22	1	36	4	50	16	64	38	78	66	92	86
23	1	37	5	51	17	65	40	79	67	93	87
24	1	38	5	52	18	66	42	80	69	94	88
25	1	39	6	53	20	67	44	81	71	95	89
26	1	40	7	54	21	68	46	82	73	96	90
27	2	41	7	55	23	69	48	83	74	97	91
28	2	42	8	56	24	70	50	84	76	98	92
29	2	43	9	57	26	71	52	85	77	99	93
30	2	44	10	58	27	72	54	86	79	100	93
31	3	45	11	59	29	73	56	87	80		
32	3	46	12	60	31	74	58	88	82		
33	3	47	13	61	33	75	60	89	83		

参考文献

[1]李百珍. 中小学生心理健康教育. 北京：科学普及出版社，2002

[2]张明，刘电芝. 儿童发展与教育心理. 北京：人民教育出版社，2008

[3]跟踪成熟的轨迹——发展心理学. 北京：科学出版社，2009

[4]林崇德. 发展心理学. 杭州：浙江教育出版社，2002

[5]杨跃，刘春琼. 中学生发展（教师专业化教育新课程）. 南京：南京师范大学，2009

[6]周天梅. 论自我的发展——青少年发展心理学研究. 成都：西南交通大学出版社，2007

[7]朱智贤. 儿童心理学，北京：人民教育出版社，2003

[8]李百珍，张彦彦，等. 完善自我. 北京：科学普及出版社，2006

后 记

　　2006年由中国科普作家协会专项资助，10多位教育心理学者历经4年的辛勤笔耕以及科学普及出版社各位编辑的共同努力，《阳光少年心理成长之路丛书》8本正式出版发行。丛书出版后得到社会各方面的肯定和重视：被专家鉴定为："书名和标题独具匠心，题材、内容、文本均好，有现代感、文学性，非常适合青少年成长的需要。"2008年12月，该丛书获得天津市第十一届社会科学优秀成果（科普读物）一等奖；卫生部2009年推荐《探索少男少女的秘密》为"社区健康书架"推荐科普图书；新闻出版总署于2009~2011年推荐《架起命运之舟》《好心情是自己给的》《如何获得好人缘》为"农家书屋"重点出版物。此外，丛书被多个省市遴选为大中小学校图书馆藏书，更受到广大青少年朋友的喜爱和热捧，已经累计发行几十万册，目前仍在热销。

　　随着社会生活节奏日益加快和各种紧急事件频发，青少年朋友也会在紧急事件中遇到各种问题，其中就包括各种心理问题。

今天的"90后"们不仅要面对自己成长中的各种心理困惑，也要学会在各种紧急状态下正确处理自身所产生的心理问题，使自己的成长心路上铺满阳光；同时，青少年朋友强烈地渴望了解自己的内心世界，提高自己的心理素质，不断优化完善自己的人格，进而充分挖掘和发挥自己的智慧潜能。为了满足当代青少年的需求，我们遴选了多位熟悉青少年生活的心理学者，编写了《青少年心理健康自助应急必备丛书》。书中不仅融入了心理学最新的研究成果，而且列举了反映当代人以及当代青少年精神风貌的新鲜事例，更富时代感和可读性。

我们期望《青少年心理健康自助应急必备丛书》能以崭新的面貌展现在青少年朋友们面前，以飨广大"90后"读者，为其身心健康茁壮地成长尽绵薄之力。

李百珍

2012年4月12日